儿童长高食谱

李 宁 主编

南方传媒　广东人民出版社

·广州·

图书在版编目（CIP）数据

儿童长高食谱 / 李宁主编. — 广州：广东人民出版社，2023.1
ISBN 978-7-218-16093-1

I. ①儿… II. ①李… III. ①儿童—保健—食谱 IV. ①TS972.162

中国版本图书馆 CIP 数据核字（2022）第 177136 号

Ertong Zhanggao Shipu

儿童长高食谱

李　宁 主编

出 版 人：肖风华

策划编辑：严耀峰
责任编辑：严耀峰　寇　毅
责任技编：吴彦斌
特邀编辑：文治国
封面设计：青　空　翰图文化
内文设计：翰图文化

出版发行：广东人民出版社
网　　址：http://www.gdpph.com
地　　址：广州市越秀区大沙头四马路10号（邮政编码：510199）
电　　话：（020）85716809（总编室）
传　　真：（020）83289585
天猫网店：广东人民出版社旗舰店
网　　址：https://gdrmcbs.tmall.com
印　　刷：广州市樱华印务有限公司
开　　本：787毫米×1092毫米　　　1/16
印　　张：15　　　　字　数：303千
版　　次：2023年1月第1版
印　　次：2023年1月第1次印刷
定　　价：49.00元

如发现印装质量问题，影响阅读，请与出版社（020-87712513）联系调换。
售书热线：020-87717307

随着社会的发展，人们对孩子的身高越来越重视。个子矮小不仅容易让孩子产生自卑心理，埋下隐患，还会影响儿童的身体健康以及成年以后的工作和生活。对于该如何帮助孩子长高的问题，我们发现，许多家长还存在许多认知误区，有的家长忽视了儿童生长发育的规律，盲目相信自己的孩子只是长得晚；有的家长揠苗助长，给孩子吃许多"营养品"、大量的钙片，餐餐大鱼大肉，结果孩子反而横向发展，不再长高。究竟该怎么让孩子健康无负担地长个子呢？

回答这个问题，我们要先来看看影响孩子身高的因素有哪些。首先是遗传因素，孩子的身高会受父母遗传的影响，随着国家经济水平和医疗条件的发展，我们可以借助一定的科学医疗手段来促进孩子长高。同时身高还会受睡眠影响，养成良好的睡眠习惯能够保证夜间生长激素的正常分泌。生长期的营养也是比较重要的影响因素，保证孩子摄取全面均衡的营养，养成良好的饮食习惯，不偏食，不挑食，不暴饮暴食。最后还要督促孩子经常运动，运动能够增强人体心肺功能，促进营养物质的吸收与利用，促进骨骼发育。选择一些向上的跳跃类运动，能锻炼、牵伸肌群及韧带。

在这些影响因素中，遗传无法改变，能够改变的只有生活方式，包括营养、运动、睡眠等。其中营养和饮食是最为重要的一个方面了。很多食物都对儿童的生长发育有一定的影响，高蛋白食物，如瘦肉、禽蛋、水产、大豆及豆制品、牛奶及乳制品等；含钙、磷、镁等构成骨骼重要矿物成分的食物，如奶和奶制品、新鲜的蔬菜、谷类等；还有含促进新陈代谢的B族维生素的食物，如瘦肉、动物内脏、坚果等。它们都有助于骨骼的充分发育，即骨骼的增长、增粗、增宽和骨皮质增厚。

各个阶段要怎么吃，吃什么好，吃多少，相信家长们有很多疑问。为此，我们特意编撰了《儿童长高食谱》，送给所有忧心的家长们，希望能切实帮助到你们的孩子。

本书分为四个部分，第一部分"关于孩子长高的那些事"详细地给出了关于孩子长高的知识点：怎样预测孩子的身高、孩子生长的规律、促进孩子长高的方法和注意事项、一些关于长高的谣言，等等。第二部分"补好三个黄金期，健康长高不长肉"分别针对4—6岁、7—12岁、13—18岁这三个长高的关键期做了营养补充的提示，你可以看到孩子在对应的阶段应该吃什么、不能吃什么、什么该多吃、什么该少吃。第三部分"长高所需营养成分及增高食材，吃出孩子高个子"为家长们查漏补缺，对照自家餐桌上的食物和自己孩子的生长情况，有选择地进行参考，为孩子补充营养。第四部分"常见病这样吃，为孩子的健康保驾护航"是我们为生病的孩子专门写的一章，以便父母们在孩子生病时不至于为了孩子的饮食手足无措。

希望在这本书中你能找到你想要的，让你的孩子健康长高！

目录
CONTENTS

Part 1 第一章

关于孩子长高的那些事

Part 2 第二章

补好三个黄金期，
健康长高不长肉

Part 3 第三章

长高所需营养成分及增高食材，吃出孩子高个子

蛋白质，身体发育的支柱营养 / 124

补足能量，身体才能更快长高 / 132

钙与维生素 D 同补，身体快快长 / 140

Part 4 第四章

常见病这样吃，为孩子的健康保驾护航

PART 1
第一章

关于孩子长高的那些事

每位父母都很关心孩子的身高。那应该如何判断孩子的身高是否正常？孩子长高的一般规律是什么？究竟要如何做才能让孩子科学长高呢？接下来，就让我们一起来寻找这些问题的答案。

怎样预测孩子的身高

　　想必每一位父母都很关心自家孩子的身高问题，毕竟拥有高高的个子就是一大优势，想要了解孩子日后比较准确的身高，最科学的方法是检测一下孩子全身的骨龄，同时也能检查一下孩子的身体发育状况。

　　父母可以通过自身的身高对孩子的身高进行简单的预测，因为孩子的身高主要是受遗传因素的影响，在预测身高的时候是有公式可以用的。人体标准身高预测公式（遗传法则）分为男性和女性两套公式：

男孩身高（厘米）=（父亲身高 + 母亲身高）× 1.078 ÷ 2

女孩身高（厘米）=（父亲身高 × 0.923+ 母亲身高）÷ 2

　　这种预测方式比较简单，但误差相比骨龄检测也大一些。

长高的一般规律

　　长高，是指孩子从婴儿期一直到青春期的身高增长情况。长高除了受到遗传因素影响外，还受到睡眠、运动、营养等各方面因素影响。儿童长高还呈现出一定的规律性，一旦偏离这个规律，就应该关注儿童长高情况，并适当干涉，以保证其成人身高。

婴儿期： 一年长 25 厘米

出生到满 1 周岁以前为婴儿期。这是人一生中生长速度最快的时期。
正常婴儿出生时的身长，一般为 50 厘米。
出生后前 3 个月每月增长 4 厘米；
之后 3 个月每月增长 2 厘米；
后 6 个月每月增长 1 厘米，1 岁时身长约为 74 厘米。

幼儿期： 两年共长高 17 厘米左右

　　幼儿期指的是 1 周岁以后到满 3 周岁。孩子身高的生长速度比婴儿期稍慢点，但也相对较快。一般来说，1—2 周岁时，身高会增长 10 厘米左右，2—3 周岁这一年会增加 7 厘米左右。尤其需要提醒的是，低出生体重儿（足月但出生体重低于 2.5 千克，包括早产儿）家长务必密切关注孩子 2 岁前的身高。因为 80% 的低出生体重儿在 2 岁前生长发育会追上同龄孩子，剩下的 15% ~ 20% 如果不进行干预，可能会导致终身矮小。

学龄前期、学龄期： 每年 5 ~ 6 厘米

　　从 3 周岁以后到 6—7 岁入小学前、从 6—7 岁入学起到 12—14 岁进入青春期止。这些年孩子的生长速度是相对稳定的，平均每年长 5 ~ 6 厘米。

青春期： 每年别低于 7 厘米

　　该期从体格生长突增开始，到骨骺完全闭合、躯体停止生长、性发育成熟而结束。如果每年平均长高低于 7 厘米（女孩 6 厘米），就说明生长出现偏差，应当尽快采取生活方式干预，可以极大地保证日后的健康生长。但如果是青春期提前，因为生长期缩短，身高也会受到相应的影响。

促进长高的方法

　　处在发育黄金时期的孩子对于各种营养的吸收都会比较容易，但是，想要孩子正常长个子，那么还要掌握一些能够帮助孩子长高的方法。怎么做才能使孩子不输在起跑线上呢？一起来瞧瞧。

1. 正确饮食

　　身长是头、脊柱和下肢长度的总和，是反映骨骼，特别是长骨生长的重要标志。营养是孩子科学增高的基础，当营养不能满足孩子骨骼生长需要时，身长增长的速度就会减慢。

　　必须保障均衡的营养，才能为孩子生长发育提供基础。注意一日三餐营养均衡、品种多样，让孩子不挑食，更利于孩子生长发育。维生素D、钙和磷与骨骼生长关系密切，同时，碘和锌不足，也会造成孩子个子矮小。因此，从小就要注意孩子的营养是否全面。

2. 多晒太阳

要多带孩子到户外晒太阳,增加紫外线照射机会,以利于体内合成维生素D,促使胃肠对钙、磷的吸收,从而保证骨骼的健康成长。

3. 保证充足的睡眠

睡眠也是使人体长高的"营养素"。常言说:人在睡中长。脑下垂体分泌的生长激素是刺激孩子生长的重要激素。科学家们发现,人体生长激素的分泌一天24小时内是不平衡的,其分泌高峰是在孩子睡眠时——晚十点以后,而且持续较长时间。

希望孩子长个子,一定要在晚上十点以前就寝,养成规律的生活习惯,保证充足的睡眠。孩子每天所需睡眠时间,个体差异较大,如果有的孩子睡眠时间较少,但精神、情绪和生长发育正常,也不必强求。

4. 适当进行体育锻炼

运动能促进血液循环,使机体各部分获得充足的营养,使骨骼生长加速,骨质致密,促进身长的增长。

经常参加适宜长高和健脑的体育锻炼,能促使全身血液循环,保障骨骼肌肉和脑细胞得到充足的营养,促使骨骼变粗、骨质密度增厚、抗压抗折能力加强。如跳绳、踢毽子、跳皮筋、艺术体操和各种球类活动等都能帮助长个子哦!

长高的注意事项

当自家孩子的身高比同龄人矮时，家长们总是焦急万分。孩子长不高该怎么办？其实，孩子的身高主要还是看遗传，遗传因素占据了80%，其他则受后天营养、运动、睡眠、环境、疾病等因素影响。想要孩子科学增高，必须尊重人类生长自然规律，同时，在合理饮食的基础上适当锻炼，可让孩子长得更高。所以科学增高很有必要，下面我们一起来了解一下孩子长高的注意事项。

1. 注意观察孩子生长是否偏离正常值

科学长高是争取让孩子尽可能达到身高上限，若能达到上限，父母再矮孩子也不会矮。要想达到上限必须讲究科学，定期到生长发育医院检查，监测孩子的生长发育状况，让孩子不偏离正常的生长发育轨迹。

首先，要以相同种族、相同年龄以及相同性别的大多数正常儿童的身高作为参考标准，而不是与个别人群比较。

其次，可以参考世界卫生组织推出的儿童身高和体重标准（见附录）。

2. 多进行有利于长个的运动

孩子的运动应当选择轻松活泼、自由伸展和开放性的项目，如有氧、拉伸、纵向跳跃运动，不要选择举重、举哑铃、拉力器、摔跤、长距离跑步等对身高增长不利的运动。

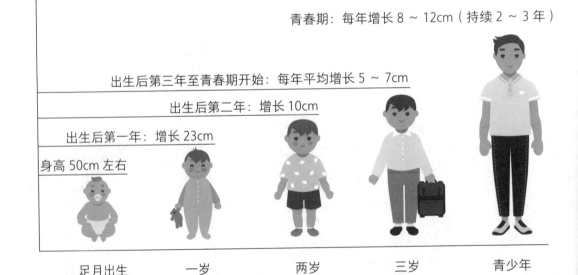

青春期：每年增长 8 ~ 12cm（持续 2 ~ 3 年）

出生后第三年至青春期开始：每年平均增长 5 ~ 7cm

出生后第二年：增长 10cm

出生后第一年：增长 23cm

身高 50cm 左右

| 足月出生 | 一岁 | 两岁 | 三岁 | 青少年 |

3. 预防疾病

　　疾病是孩子增高的最大障碍，父母在孩子长高过程中应该多注意孩子发育情况。大部分的慢性疾病都会影响孩子的身高发育。如果孩子患有慢性肾病、糖尿病、吸收不良综合征等，一定要密切关注孩子的生长发育情况；性早熟是一种严重影响儿童身高的疾病，如果孩子发育过快，身高比同年龄同性别的孩子高 5 厘米以上，应带孩子去医院检查以排除提前发育的情况；此外，儿童肥胖也会影响孩子最终的身高，应加以注意。

4. 保持愉快的心情

　　影响孩子生长的重要的生长激素，在睡眠和运动的时候分泌较多，在情绪低落的时候分泌较少。如果您的孩子经常处于受到批评、责备，父母争吵的环境中，心情压抑、情绪低落，那会严重影响孩子长个儿。

有关孩子长高的谣言

谣言 1: 父母身材均偏矮，所生子女肯定高不了

子女身高会受父母的影响，根据父母身高计算出来的子女的遗传身高值，称遗传靶身高。遗传靶身高影响子女最终身高的比例约占 60% ~ 80%。也就是说，子女生长到最终身高（即成年时身高）时，20% ~ 40% 左右是受非遗传因素影响的。我们在日常生活中常常可以看到，父母均身材矮小的家庭，所生子女只有部分身材矮小，而不是全部。因此，身材矮小的父母千万不要认为自己都不高，小孩必定长不高，否则会错失治疗机会。

谣言 2: 小孩早期生长缓慢，后期一定会追上

儿童的生长发育过程是有阶段性的，婴儿期（指从出生至 1 岁）身高增长迅速，为每年 23 ~ 25 厘米；幼儿期（1 岁后至 3 岁）身高增长速度为每年 8 ~ 10 厘米；稳定期（指 3 岁后至出现青春发育前）身高增长速度相对较稳定，为每年 6 厘米左右。进入青春期以后，孩子再次进入一个快速生长发育的阶段。这是每个人生命周期中第二个、也是最后一个生长高峰，一定不要错过。孩子在这个阶段大约每年身高增长 8 ~ 12 厘米，有些孩子甚至最多可以达到 15 ~ 18 厘米。随着青春期的发育，性激素水平逐渐升高，第二性征出现。性激素促进骨骺闭合，身高增长速度减缓，最终进入身高增长终止期，此时即为成年人身高。倘若在某一阶段因疾病影响或营养缺乏等因素导致发育障碍，身高不增长或增长缓慢，就会影响最终身高。有个别儿童，由于某种原因在幼儿期、学龄前期生长偏离正常值，一旦解除这些原因，会出现一个生长追赶期，可追赶至正常身高。不过，影响身高增长的因素是综合的、复杂的，不同的影响因素会造成不同的结果。部分家长由于受到早期不长、后期长说法的影响，待到发现孩子已经 16 岁或 18 岁仍比其他同学矮时才去就医。此时增高时机已过，空留遗憾。

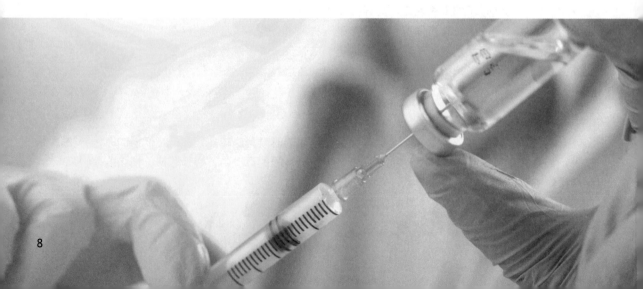

谣言 3： 多服用钙片就会长高

钙是人体内一种重要的矿物质，骨骼形成离不开钙。除了小部分佝偻病患儿由于钙供应不足或吸收障碍，经适当补充钙有助其身高增长外，临床资料表明，大部分身材矮小的儿童，体内的钙含量是正常的。

钙片的补充只能给生长发育提供足够的钙质营养，并不一定能够帮助长高。所以，父母应该根据孩子的具体情况决定是否给孩子服用钙片。人体长高主要是靠骨骼长度增加，骨骼生长需要钙，同时钙的多少还决定骨的硬度，如果钙含量不够，骨骼就会变软。但是，钙绝对不是使骨骼生长的主要动力。骨骼生长靠的是生长激素和从食物中获得的蛋白质等营养素。缺乏生长激素的孩子，即使有足够的钙，他们的个头一样长不高；而总能量和蛋白质摄入不足者，只补钙也不会长个子。实际上一个人的生长潜力并不是以年龄为标准的，而是以骨骼年龄为标准，即骨龄，骨龄决定着孩子的身高。简单地说，想要长高，首先要了解孩子真实生长情况，家长可以带孩子做骨龄测定，以此来判断孩子的生长潜力。长高并不仅仅与补钙有直接的关系，生长激素等与生长有关的因素是否正常，都需要进行全面的评估。

谣言 4： 只要营养好就可以长高

人体生长发育需要充足的营养，这是科学的论断。营养不均衡或缺乏可导致各种疾病，使生长发育停滞或缓慢。科学研究指出，人体生长是一个复杂的各种调节统一的过程，在这一过程中，除了生长所需的物质外，还要有体内多种内分泌激素参与调控。其中生长激素、甲状腺激素、性腺激素等，皆为调控人体生长的主要激素，任何一种激素分泌过多或缺乏，都必定影响生长发育，而这些激素目前不是只凭营养补充就可以达到要求的。认为营养好就会身体好、就能长高，这种逻辑是不科学的。也不能认为孩子现在已比同龄的大部分儿童高，将来一定不矮。

事物是一分为二的，人体的生长发育也需要全面考虑。一个性发育提早的孩子，尽管现阶段身高在同年龄、同性别小孩之上，但他的骨成熟严重加速（即骨龄超过实际年龄很多），意味着他的增长有效期大大缩短，孩子很快便会停止长高，这类孩子绝大多数成年身高都比正常孩子矮。

谣言 5： 孩子现在矮些不要紧，药物帮助孩子长高

目前可以促进孩子生长的有效药物是生长激素。但并不是所有矮的孩子都需要药物治疗，有些孩子骨龄大大小于年龄，属于"晚长"的类型，可以持续观察。另外也并不是打生长激素就可以帮助长高，只有针对生长激素缺乏相关的问题，药物才会起作用。有些孩子因为各种原因，骨骼的生长端提前闭合了，这样生长激素就不再起作用。而且生长激素的治疗越早越好，所以家长一旦发现孩子个子比同龄孩子矮，一定要去医院检查，寻找原因，针对不同原因采取措施，才是正确有效的途径。家长更不要迷信市场上所谓的"增高药物"或"理疗"等方法，以免耽误宝贵的治疗时机。

PART 2
第二章

补好三个黄金期，
健康长高不长肉

不同的阶段，孩子需要补充的营养是不同的，只有按照孩子的生长发育特点来补充营养，才能让孩子健康长高。在孩子生长发育的关键时期，应该给孩子吃什么呢？

4—6 岁，补足营养，打好身高发育的基础

宝宝 4 岁营养提示

科学合理的食谱对 4 岁宝宝的生长发育非常有帮助，这时期可给宝宝提供更丰富的食品种类，可以给宝宝尝试很多大人吃的食物。为 4 岁的宝宝选择食物时一定要注意安全和卫生，选择那些无农药污染、无霉变、硝酸盐含量低且新鲜干净的食物。同时也要注意营养均衡以及食物的多样化。

而且，此时要满足宝宝长高的营养需求。维生素 D 是帮助钙、磷被人体吸收及利用的重要物质，因此对幼儿骨骼的成长特别重要。牛奶、沙丁鱼、鲑鱼、鲔鱼、小鱼干、蛋黄、香菇等食物富含维生素 D，宝宝可以多吃。

除了摄取足够的维生素 D 之外，适度地到户外晒晒太阳，吸收阳光自行合成维生素 D，也是一种获得方式。

4岁宜忌食物举例

豆腐

豆腐富含大豆蛋白，是普通植物蛋白中为数不多的优质蛋白，可以与肉蛋奶相媲美，同时又不像肉类那样含有较多的饱和脂肪和胆固醇。

鱼虾类

鱼虾的肉质细腻，蛋白质含量高，脂肪含量低且饱和脂肪比例低，是非常适合宝宝用来补充优质蛋白的食材之一。

裙带菜

裙带菜口感软嫩，适合孩子吃。裙带菜中碘、钙、镁、锌、铁、硒等微量元素含量相当高。

芋头

芋头含有蛋白质、碳水化合物及钙、磷、铁等微量元素，且容易消化，有健胃作用，特别适合宝宝食用。

番茄

番茄含有丰富的维生素和矿物质，还含有较多有机酸，能保护维生素C不被破坏，还能促进胃酸分泌、助消化。

宜

巧克力

巧克力中含有较多的脂肪与咖啡因等成分，不仅会导致宝宝肥胖还会引起夜间兴奋，另外甜食也容易蛀牙。

茶

茶叶中的鞣酸物质，会影响宝宝对钙、铁、锌等营养元素的吸收，从而影响宝宝的身体发育。

腌制食品

腌制品含盐量高且含有一定量的亚硝酸盐。孩子在10岁前身体机能未发育完全，大量食用会增加肾脏的负担。

整粒的坚果

4岁的孩子咀嚼能力没有发育完全，如果没有咬碎，轻则造成腹泻或不消化，重则导致窒息等风险。

糯米类比较黏的食品

由于糯米比较黏，此时的宝宝肠胃消化功能和吞咽反射都未能完善，所以不建议4岁以下的孩子吃此类食物。

忌

扫一扫，看视频

猪肉包菜卷

- **材料：**肉末60克，包菜70克，西红柿75克，洋葱50克，鸡蛋（蛋清）40克，姜末少许。
- **调料：**盐、水淀粉、生粉、番茄酱各适量。
- **做法**

① 锅中水烧开，放入包菜煮至其变软，捞出修整齐待用。

② 西红柿切碎，洋葱切丁，与肉末、姜末一起拌匀，加盐、水淀粉制成馅料。蛋清中加生粉，拌匀待用。

③ 包菜放入适量馅料卷成卷，用蛋清封口，制成生坯，放入蒸锅，中火蒸约20分钟。

④ 用油起锅，加入番茄酱，倒入清水快速拌匀，再淋入适量水淀粉搅拌均匀，制成味料，浇在包菜卷上即可。

烹饪小贴士

◎用包菜裹住肉末，可以使肉末更湿润，也能让包菜有肉香。

三色饭团

·**材料：**菠菜 45 克，胡萝卜 35 克，冷米饭 90 克，熟蛋黄 25 克。

·**做法·**

① 熟蛋黄切碎，碾成末。洗净的胡萝卜切片，再切丝，改切成粒。

② 锅中注入适量清水烧开，倒入洗净的菠菜，煮至变软。捞出菠菜，沥干水分，放凉待用。沸水锅中放入胡萝卜，焯煮一会儿。捞出胡萝卜，沥干水分，待用。

③ 将放凉的菠菜切段，待用。取一大碗，倒入米饭、菠菜、胡萝卜、蛋黄，和匀至其有黏性。

④ 将拌好的米饭制成几个大小均匀的饭团。放入盘中，摆好即可。

美食有话说

◎ 菠菜含有较多的胡萝卜素、膳食纤维等宝宝必需的营养物质，是营养较好的绿叶蔬菜。

烹饪小贴士

◎ 胡萝卜切丝时使用工具会更顺手哦。

扫一扫，看视频

扫一扫，看视频

五彩鸡米花

- **材料**：鸡胸肉 85 克，圆椒 60 克，哈密瓜 50 克，胡萝卜 40 克，茄子 60 克，姜末、葱末各少许。
- **调料**：盐、水淀粉、料酒、食用油各适量。
- **做法**·

① 圆椒、胡萝卜切成丁，哈密瓜、茄子切粒。鸡胸肉切粒装入碗中，放入盐、水淀粉抓匀，加入少许食用油，腌渍入味。

② 锅中注水烧开，放入胡萝卜、茄子，煮至断生，下入圆椒、哈密瓜，拌匀。把焯煮好的食材捞出备用。

③ 用油起锅，倒入姜末、葱末爆香，放入鸡胸肉，翻炒至鸡肉转色，淋入少许料酒，拌炒香，再倒入焯过水的食材拌匀，加盐调味即可。

美食有话说

◎ 这道菜的食材有鸡肉、蔬菜和水果。食材多样，营养丰富，也有自己独特的口味，适合为宝宝选用。

烹饪小贴士

◎ 焯过水的食材颜色鲜艳，熟得更快，易于咀嚼。

番茄面包鸡蛋汤

- **材料**：番茄 1/2 个，面包 2/3 片，鸡蛋 1 个，高汤 200 毫升。
- **调料**：盐少许。
- **做法**：

① 鸡蛋打入碗中，调匀备用。面包片去边，切成粒备用。

② 番茄烫煮 1 分钟，取出，去皮去蒂，切成小块。

③ 高汤倒入汤锅中烧开，下入番茄，中火煮 3 分钟至熟，倒入面包拌匀。

④ 倒入备好的蛋液，拌匀煮沸，将煮好的汤盛出即可。

美食有话说

◎ 番茄中含有的苹果酸、柠檬酸等能够刺激食欲、促进胃酸分泌从而帮助消化，并且能够调整胃肠功能。

◎ 用面包来参与制作宝宝的菜肴，增加了碳水化合物的含量，使这道菜的营养更加均衡。

扫一扫，看视频

17

西红柿豆腐

- **材料**：西红柿 1/4 个，嫩豆腐 1 大匙，玉米粉少许。
- **做法**

1. 将西红柿洗净，剥皮去籽，切末，备用。
2. 嫩豆腐洗净，用热水烫过后，加少许玉米粉，用水调稀。
3. 所有材料搅匀后略煮即可。

美食有话说

◎西红柿能清热止渴、养阴凉血，同时能养肝胃、清血热。小儿有急惊风时，饮用西红柿汁，有一定的作用。

虾仁黄瓜炒豆腐

- **材料**：虾仁 200 克，卤水豆腐 150 克，黄瓜 50 克，胡萝卜 20 克，鸡蛋 2 个。
- **调料**：盐、干淀粉、水淀粉各适量。
- **做法**

1. 虾仁洗净；豆腐、黄瓜、胡萝卜均切块；鸡蛋打散加入盐、水、干淀粉拌匀，再加少许食用油搅成蛋糊。
2. 油锅烧热，将卤水豆腐挂匀蛋糊下锅，炸至外皮呈金黄色时捞起。
3. 锅底留油，下入做法 1 中的材料炒熟，用水淀粉勾芡，浇在豆腐上即可。

黄瓜酿肉

· **材料**：黄瓜 1 根，瘦肉 50 克，葱 1 根，蛋黄适量。
· **调料**：盐少许。
· **做法** ·

① 黄瓜去皮，切成约 4 厘米厚的环后去籽。

② 葱切末，和剁碎的瘦肉拌匀，加入蛋黄、盐，搅拌至有弹性。

③ 将肉馅塞入黄瓜中，放入蒸笼蒸约 25 分钟即可食用。

烹饪小贴士

◎ 这道菜可以用枸杞子或切碎的樱桃来做一下点缀。

蒜黄炒豆干

· **材料**：蒜黄 250 克，豆干 200 克，胡萝卜 20 克，姜丝、香菜叶各少许。
· **调料**：盐、鸡精、酱油、香油各适量。
· **做法** ·

① 蒜黄洗净，切段；胡萝卜切条；豆干切粗丝。

② 净锅上火，水烧沸后汆烫豆干，捞起控干水分备用。

③ 油锅烧热，下入姜丝、蒜黄煸炒，放入豆干，调入盐、酱油、鸡精，下入胡萝卜条，炒熟，撒上香菜叶，淋香油即可。

蟹味黄鱼羹

· **材料** : 鲜黄鱼 500 克，猪瘦精肉 100 克，韭菜粒 50 克，鸡蛋 1 个，姜末少许。

· **调料** : 酱油、料酒、香醋、淀粉各适量。

· **做法** ·

① 将猪瘦精肉洗净，切细丝；黄鱼去头、去尾，鱼骨剔除，留下鱼皮，一起用清水洗净后放入盘中。

② 将黄鱼放入盘中，加少许姜末和料酒，上笼蒸 10 分钟；取出后理净黄鱼小骨刺，将黄鱼切碎。

③ 在热油锅中下肉丝煸炒，加入料酒、酱油，再将黄鱼碎下锅，加水适量，烧滚后加入香醋、淀粉，最后加入打散的鸡蛋、韭菜粒、姜末，煮熟即可。

海陆蔬菜羹

· **材料** : 圆白菜 15 克，鸡腿肉 20 克，虾 5 只，香菇、胡萝卜、柴鱼各 10 克。

· **调料** : 淀粉、盐各适量。

· **做法** ·

① 将香菇、圆白菜及胡萝卜分别洗净，切丝；鸡腿肉洗净，切成细丝；虾洗净，挑去泥肠，对切成两半，备用。

② 将准备好的所有材料放入微波碗中，加入热水、盐拌匀，以强微波加热 5 分钟。将淀粉调水后加入汤中勾芡，再以强微波加热 2 分钟即可食用。

🍳 烹饪小贴士

◎微波炉只能放入玻璃、陶瓷、耐热塑料等材质的器皿。

珍珠汤

- **材料**：面粉 40 克，鸡蛋 1 个，虾仁 10 克，菠菜 20 克。
- **调料**：高汤 200 克，香油少许。
- **做法**
  1 鸡蛋清与面粉加少许水和成面团，揉匀，擀成薄皮，切成黄豆大小的丁，搓成小珍珠面球（面疙瘩一定要小，利于消化吸收）。
  2 虾仁洗净切小丁；菠菜用开水烫一下，切成末。
  3 将高汤放入锅内，下入虾仁丁，烧开后下入面疙瘩，煮熟，淋入鸡蛋黄，加菠菜末、香油即可。

◎这是一道类似疙瘩汤的汤面类膳食，加了蔬菜、虾仁和鸡蛋，不但颜色好看，营养也很均衡。

豆皮香菇菠菜汤

- **材料**：豆皮丝、菠菜各 100 克，香菇 5 朵，胡萝卜 1 根，葱花少许。
- **调料**：料酒、酱油、鸡汤、盐、鸡精各适量。
- **做法**
  1 豆皮丝用清水浸泡至软，沥干水分。
  2 香菇去蒂洗净，切十字花刀。
  3 胡萝卜洗净，去皮，切块；菠菜去根洗净，放入热水中汆烫后捞出挤干水，切好备用。
  4 锅中加适量鸡汤煮沸，下香菇、胡萝卜块、菠菜、葱花及所有调料煮至熟软，下豆皮丝煮 5 分钟，关火即可。

◎香菇切十字花刀，更加入味、易熟。

西红柿洋葱鱼

· **材料**：净鱼肉150克，西红柿、洋葱、土豆各30克。
· **调料**：肉汤、面粉、盐各适量。
· **做法**：

① 鱼肉洗净，切成小块，裹上一层面粉。

② 锅置火上，放入植物油，烧热，放入鱼块，煎好。

③ 将煎好的鱼、西红柿、洋葱、土豆放入锅内，加入肉汤一起煮，熟时调入少许盐即可。

时蔬杂炒

· **材料**：土豆300克，蘑菇100克，胡萝卜50克，山药20克，水发黑木耳少量。
· **调料**：高汤、香油、水淀粉、盐各适量。
· **做法**：

① 所有材料均洗净切成片。

② 炒锅放油烧热，加入胡萝卜片、土豆片和山药片煸炒片刻。

③ 倒入高汤烧开，加入蘑菇片、黑木耳片，加盐调味，至材料酥烂用水淀粉勾芡，淋上香油即成。

鸡肉粥

· **材料**：鸡胸肉30克，葱末5克，大米粥适量。
· **调料**：橄榄油少许。
· **做法**：

① 将鸡胸肉洗净，切成碎末。

② 鸡肉末和葱末一起入锅，加入大米粥，用小火熬煮至熟，调入少许橄榄油稍煮片刻即可。

山药西红柿炖牛肉

- **材料**：牛肉 500 克，山药 300 克，西红柿 2 个，生姜 15 克，高汤 3 碗。
- **调料**：盐少许。
- **做法**
1 西红柿和牛肉洗净，切块，余烫后捞出、洗净；山药去皮，切滚刀块；姜切丝备用。
2 炖盅中放入山药块之外的所有材料，移入汤煲中加高汤煲约 1 小时，加入山药块续煲约 15 分钟，加入调料即可。

芥菜牛肉鲜姜汤

- **材料**：牛肉 250 克，芥菜 500 克，姜 30 克。
- **调料**：植物油、盐各适量。
- **做法**
1 姜去皮，拍扁；牛肉洗净，切片；芥菜洗净，备用。
2 将锅置于火上，加入清水适量，大火烧开后，把适量的植物油与牛肉片、芥菜、姜、盐一同放入锅内，煮熟即可。

胡萝卜海带条

- **材料**：水发海带 200 克，胡萝卜 100 克。
- **调料**：香油、白糖、米醋各适量。
- **做法**
1 水发海带去根蒂洗净，切条；胡萝卜去根蒂洗净，切成粗条。
2 海带条和胡萝卜条用水余烫后盛出，放入所有调料，拌匀入味即可。

宝宝 5 岁营养提示

宝宝 5 岁了，能吃的食物品种也增多了，基本上已能够和成人一样安排一日三餐。

但因为此时孩子的胃肠功能尚未发育完善，其胃容量还小，热能需要又相对较高，而主要提供热能的碳水化合物在体内贮量较少，所以在正餐之间需要定时给予一些小食品。饮食的安排应当是三餐一点。需要注意的是，安排的点心应该不影响正餐的食欲且有营养。

另外，家长在给孩子购买零食时要注意遵循几个原则：含有高糖、高盐、高热量的甜食少给孩子吃，以防引起肥胖、蛀牙、高脂；含有色素、碳酸的饮料和膨化食品、腌制食品、油炸食物，也要少给孩子吃。餐前半小时要限制零食，晚上不要多吃零食。

给宝宝吃水果不要过量，满足需要就好。有些水果会刺激宝宝娇嫩的皮肤，如水蜜桃、奇异果等表面有绒毛的水果；菠萝等含有少量蛋白酶的水果可能会造成宝宝口周皮肤发红、瘙痒等，给宝宝食用时应加以注意。很多家长在孩子哭闹时习惯用糖果来哄，但这是不好的习惯。太甜或太咸的食物都不宜给孩子吃，因为他的口味会影响其成年后的饮食习惯，如果习惯摄入口味重的食物、嗜食甜食，成年后易得糖尿病、高血压等与饮食习惯密切相关的慢性疾病。但需要注意的是：不宜吃并不代表着完全不吃。

5 岁宝宝食谱中，每餐应由几种食物组成，首先要有充足的谷类或根茎类来提供基本的热量；其次要含有动植物蛋白质；再要有丰富的蔬菜和水果，提供身体必需的维生素和无机盐；最后，烹调植物油也是必不可少的，可以给宝宝提供能量和必需脂肪酸。

5 岁宜忌食物举例

胡萝卜

胡萝卜中含有较多 β-胡萝卜素，在体内可以转换成维生素A，可促进儿童生长发育，预防夜盲症，还具有保护上皮细胞组织的作用。

牛奶

5 岁的儿童每天应摄入350～500毫升的牛奶，可以早晚各一次，也可以在加餐时喝。既能保证身体发育需求，又能促进睡眠。

鸡蛋

一个中等大小的鸡蛋可供给约6克蛋白质，5 岁的宝宝每天吃1个鸡蛋即可。

西红柿

西红柿富含多种维生素和矿物元素，其味道酸甜，能帮助宝宝开胃和补充营养。

香蕉

香蕉是含碳水化合物丰富的水果，可以为宝宝提供一定的能量；同时香蕉还富含钾，可以促进体内过量钠的排出。

糖果

宝宝脾胃功能弱，常吃甜食容易厌食，造成饱腹感后吃不了多少东西，容易营养不足，对孩子的牙齿也不好。

果蔬干

用糖或盐加工的果蔬干，如苹果干、香蕉干等，含有较多糖分而且制作中损失了部分营养素，要限量食用。

冰激凌

棒冰、冰激凌等食品大多含有较高的糖分和添加剂，因此不建议给宝宝食用，可以适当喂食自制冷饮。

炸薯条

炸薯片、炸薯条等在烹调过程中不仅损失了部分营养素，有些还含有毒性物质丙烯酰胺。

可乐等饮料

常见的碳酸饮料含有较高的糖分，过量饮用会阻碍营养素的吸收，并可能增加宝宝患龋齿、肥胖等疾病的风险。

扫一扫，看视频

茄汁鸡肉丸

· **材料**：鸡胸肉 200 克、马蹄肉 30 克。

· **调料**：盐、鸡粉、白糖、番茄酱、水淀粉、食用油各适量。

· **做法** ·

① 洗好的马蹄肉切末，鸡胸肉绞成颗粒状的肉末。

② 鸡肉放碗中，撒上少许盐、鸡粉，淋入水淀粉拌匀，倒入马蹄拌匀搅散，摔打几下使肉末起劲。

③ 食用油烧至四成热，拌好的肉末分成小肉丸下入锅中搅动，小火炸约 1 分 30 秒至食材熟透，捞出待用。

④ 锅底留油，放入番茄酱快速拌匀、撒上白糖，再倒入肉丸炒匀入味，淋上水淀粉勾芡，盛出即可。

美食有话说

◎ 马蹄含有丰富的磷，能促进人体生长发育，维持生理功能的需要，对牙齿、骨骼的发育有很大好处，可促进体内的糖、脂肪、蛋白质三大物质的代谢，调节酸碱平衡，促进身体发育。

烹饪小贴士

◎ 切马蹄时，不要拍碎了再剁成末，以免营养物质流失。

◎ 不能大火炒番茄酱，不能快速不停翻炒，用铲子稍加拨弄即可，这样炒出的番茄汁红亮不发黑。

香酥虾排

- **材料**：大虾 200 克，面包糠 135 克，鸡蛋液 70 克，生粉 50 克。
- **调料**：盐、鸡粉、料酒、沙拉酱、食用油各适量。
- **做法**

① 洗净的大虾剪去虾头，去掉虾壳、虾线，切开。

② 往大虾中撒上盐、鸡粉，淋上料酒，充分拌匀，腌渍 10 分钟。

③ 将腌渍好的大虾依次粘上生粉、蛋液，裹上面包糠，放入盘中待用。热锅注入足量油，烧至七成热，放入大虾，油炸至金黄色。

④ 将炸好的大虾捞出，盛入盘中。往大虾表面挤上沙拉酱即可。

美食有话说

◎ 大虾中含有的镁对心脏活动具有重要的调节作用，能很好地保护心血管系统。

烹饪小贴士

◎ 生粉、蛋液、面包糠是油炸食物的三件宝，炸出来色泽金黄，外酥脆内鲜嫩，香极了！

扫一扫，看视频

扫一扫，看视频

三文鱼泥

· **材料**：三文鱼肉 120 克。

· **调料**：盐适量。

· **做法** ·

① 蒸锅上火，水烧开，放入三文鱼肉。

② 盖上锅盖，用中火蒸约 15 分钟至熟。揭开锅盖，取出三文鱼，放凉待用。

③ 取一个干净的大碗，放入三文鱼肉，压成泥状。

④ 加入少许盐，搅拌均匀至其入味。另取一个干净的小碗，盛入拌好的三文鱼即可。

美食有话说

◎宝宝的视力很重要，而三文鱼中的不饱和脂肪酸是有利于眼睛健康的营养成分。

烹饪小贴士

◎只要水煮一下做成鱼泥就可以了，既简单又美味。

柠檬清蒸鳕鱼

- **材料：** 鳕鱼肉 270 克，洋葱 40 克，柠檬 30 克，朝天椒 25 克，香菜段和蒜末各少许。
- **调料：** 盐、白胡椒粉、蚝油、生抽各适量。
- **做法：**

1 将洗好的朝天椒切圈，装入小碗，撒上蒜末，注入少许清水，加入生抽、蚝油、盐、白胡椒粉，拌匀。挤入柠檬汁，调匀，制成味汁待用。洗净的洋葱切丝待用。

2 锅置旺火上，倒入调好的味汁，大火煮沸。至食材断生，关火后盛入碗中，制成辣味料待用。

3 备好电蒸笼，水烧开后放入洗净的鳕鱼肉，蒸约10 分钟至食材熟透，取出蒸好的菜肴。

4 趁热撒上洋葱丝，倒入煮好的辣味料，最后装饰上香菜段即成。

美食有话说

◎鳕鱼富含优质蛋白和多不饱和脂肪酸，可以为宝宝提供多种营养，而且刺少易于烹饪，是宝宝食谱中常备的鱼类。

烹饪小贴士

◎洋葱切好后可浸在淡盐水中泡一会儿，口感会更清脆。

扫一扫，看视频

香蕉鸡肉泥

- **材料**：鸡肉、香蕉各适量。
- **调料**：高汤 5 大匙。
- **做法**·
  ① 把鸡肉剁成极小的块；香蕉切小块。
  ② 锅里加入高汤、鸡肉块、香蕉块一同煮至熟烂，取出，捣碎即可。

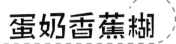

◎常吃香蕉，能提高宝宝的免疫力，还能润肠通便，预防宝宝便秘。妈妈不要一次过多购买香蕉，以防香蕉发生腐烂。

蛋奶香蕉糊

- **材料**：香蕉 1 根，玉米面、配方奶各适量。
- **做法**·
  ① 香蕉去皮后捣碎备用。将适量玉米面、配方奶放入小锅内搅匀。
  ② 小锅置火上加热煮沸后改小火并不断搅拌，以防糊锅底和外溢。
  ③ 待玉米奶糊煮熟后放入捣碎的香蕉调匀即成。

美食有话说

◎精力充沛、活泼好动的小宝宝可以多食用这道蛋奶香蕉糊，能为身体提供充足的热量。

虾仁炒鸡蛋

- **材料：**虾仁 300 克，鸡蛋 3 个，豌豆 20 克。
- **调料：**盐 1 小匙，淀粉 1 大匙，葱花适量。
- **做法：**

① 2 个鸡蛋打入碗中，加适量盐及葱花搅匀备用。

② 剩余鸡蛋取蛋清；虾仁挑去泥肠，洗净，沥干，放入碗中加入淀粉、盐及蛋清腌一下；豌豆洗净备用。

③ 油锅烧热放虾仁及豌豆炒至半熟；锅底留油，加蛋液炒至半熟后加虾仁、豌豆炒熟即可。

美食有话说

◎虾中含有 17% ~ 20% 的蛋白质，脂肪含量很低，是一种高蛋白低脂肪的动物性食物。虾的做法多种多样，十分适合作为宝宝的蛋白质来源。

奶味香蕉羹

- **材料：**香蕉 1 根，配方奶 250 克，藕粉适量。
- **做法：**

① 香蕉剥去外皮，切片，入榨汁机内打碎；藕粉用少许清水调匀待用。

② 将配方奶倒入锅中，加入少量清水，置火上烧开。

③ 在锅中加入香蕉泥，待再烧开后，将调好的藕粉慢慢倒入锅内搅匀，开锅后离火，待冷却即可食用。

烹饪小贴士

◎妈妈也可将这道奶味香蕉羹中的香蕉换成苹果、梨或其他的水果。它们都能为宝宝及时、有效地补充营养和能量。

麦片蛋花甜味粥

· **材料**：燕麦片 30 克，鸡蛋 1 个。
· **调料**：白糖适量。
· **做法** ·
1 将鸡蛋打散搅匀。
2 燕麦片用水浸泡，泡软后倒入锅中，小火煮沸约 5 分钟。
3 往锅中打入鸡蛋液，煮熟，加白糖调味即成。

美食有话说

◎有些宝宝有便秘的问题，长期便秘可能造成宝宝食欲减退，影响进食，从而影响宝宝生长发育。燕麦片富含可溶性膳食纤维，多吃些燕麦有助于促进宝宝排便。

羊肝菠菜玉米蛋粥

· **材料**：羊肝 50 克，玉米面 3 大匙，菠菜 50 克，鸡蛋 1 个。
· **做法** ·
1 羊肝洗净，切成末；菠菜洗净，切碎。
2 羊肝、菠菜碎、玉米面一同放入锅中，加适量水煮粥。
3 粥熟后打入鸡蛋调匀即可。

烹饪小贴士

◎妈妈要购买新鲜的羊肝，处理羊肝的时候最好用热水多泡一会，这样可以比较彻底地去除血水。

双色蛋

· **材料**：熟鸡蛋 1 个。
· **调料**：胡萝卜酱 1 小匙，白糖、盐各少许。
· **做法**：

1. 煮熟的鸡蛋剥去壳，把蛋白与蛋黄分别研碎，用白糖和盐分别拌匀，备用。
2. 将蛋白放入小盘内，蛋黄放在蛋白上面。
3. 放入蒸笼内，用中火蒸 7 ~ 8 分钟，浇上胡萝卜酱即可。

黄金双蛋球

· **材料**：鹌鹑蛋 10 个，面粉 30 克，鸡蛋 1 个。
· **调料**：盐适量。
· **做法**：

1. 先将鹌鹑蛋煮熟，剥壳，备用。
2. 鸡蛋打散，加入面粉、盐，用少许清水搅拌成糊状。
3. 鹌鹑蛋裹上面糊后，放入油锅炸熟即可。

丝瓜炒鸡蛋

· **材料**：丝瓜 2 条，鸡蛋 3 个，姜 3 片。
· **调料**：盐、水淀粉各适量。
· **做法**：

1. 鸡蛋打入碗中，加入盐、水淀粉拌匀，炒成蛋花，盛出。
2. 油锅烧热，煸香姜丝，再放入丝瓜炒熟，随后加盐和水调味，拌入蛋花同炒。
3. 加入水淀粉勾芡，炒匀即可。

牛奶玉米汤

· **材料**：玉米粒 200 克，面粉适量，牛奶适量。
· **做法** ·

❶ 将 3 碗水倒入汤锅内，烧开后下入牛奶、玉米粒煮开。

❷ 面粉调水加入锅内，煮开即可。

田园小·炒

· **材料**：西芹 50 克，鲜蘑菇、鲜草菇各 100 克，小西红柿、胡萝卜各 50 克。
· **调料**：盐适量。
· **做法** ·

❶ 西芹去老筋后，洗净，斜切成段。

❷ 鲜蘑菇、鲜草菇、小西红柿洗净后，切片备用；胡萝卜去皮，洗净，切片备用。

❸ 将切好的所有材料放入热油锅中，加适量盐、清水翻炒一下，加盖，用大火焖 2 分钟即可。

香煎香蕉饼

· **材料**：香蕉 2 根，瘦肉适量，鸡蛋 1 个，面粉适量。
· **调料**：盐适量，白糖 3 小匙。
· **做法** ·

❶ 香蕉去皮、捣碎；瘦肉切成泥，备用。

❷ 鸡蛋打成蛋液放入小盆中，放入香蕉泥、瘦肉泥、面粉，调入盐、白糖拌匀做成一个大饼，放入碟内，备用。

❸ 油锅烧热，放入香蕉饼用小火煎到两面金黄至熟，铲起切成若干份上碟即可。

海鲜疙瘩汤

- **材料：**小对虾 4 只，净花蛤肉、蛏子肉各 100 克，韭菜 30 克，面粉 150 克。
- **调料：**A：高汤 1 大碗，山椒水 1 大匙；B：盐、鸡精各 1 小匙，香油少许。
- **做法**
  ① 对虾余烫去头、壳、泥肠，留虾尾；花蛤、蛏子余烫至熟；韭菜切末；面粉加水搅拌成面疙瘩。
  ② 调料 A 烧沸去浮沫，加面疙瘩煮熟，放蛤肉、虾仁、蛏子稍煮，撒韭菜末，加调料 B 即成。

胡萝卜毛豆鸡丁

- **材料：**胡萝卜 250 克，鸡肉 200 克，去皮毛豆 100 克，葱少许。
- **调料：**盐适量。
- **做法**
  ① 胡萝卜洗净，去皮，切丁；去皮毛豆余烫后捞出冲凉、控干；葱洗净切段。
  ② 鸡肉切丁，用盐抓拌均匀，腌 15 分钟备用。
  ③ 油锅烧热，放入葱段，随后放入鸡丁快速翻炒，放入蔬菜，加适量水，翻炒 3 分钟至熟。

米汤菠菜泥

- **材料：**米汤 100 毫升，菠菜 120 克。
- **做法**
  ① 菠菜洗净后切段，放入滚水中煮约 1 分钟，取出沥干水分。
  ② 将菠菜段剁成泥状，和热米汤一起放入榨汁机中搅打均匀，取出后即可喂食。

宝宝 6 岁营养提示

6 岁的幼儿生长发育较快，全面、合理的营养很重要。幼儿每天必须获得蛋白质、脂肪、碳水化合物、无机盐、维生素、膳食纤维和水这七大类营养素。

6 岁孩子饮食还需要预防便秘，便秘是肠道健康的最大威胁，是最容易引起肠道垃圾堆积的。孩子便秘后容易引起腹胀，自然食欲也就会下降很多。

若宝宝便秘，可以让宝宝多吃一些高纤维的"润肠食物"，如海带、苹果、草莓、番薯、黑木耳等。这个时候，蔬菜绝对是宝宝餐桌上不可缺少的食物，如菠菜、白菜、油菜、芹菜等。当然，五谷杂粮也是帮助宝宝通便的一大利器，玉米、大麦、荞麦等五谷杂粮营养丰富，宝宝一定要多吃。

含有高糖、高盐、高热量的甜食少给孩子吃，以防引起肥胖、蛀牙、高脂；含有色素、碳酸的饮料和膨化食品、腌制食品、油炸食物，也要少给孩子吃。餐前半小时要限制零食，晚上不要多吃零食。可经常食用的零食：水煮蛋、无糖或低糖燕麦片、煮玉米、全麦面包、全麦饼干、豆浆、烤黄豆、香蕉、西红柿、黄瓜、梨、桃、苹果、柑橘、西瓜、葡萄、纯鲜牛奶、纯酸奶、瓜子、大杏仁、松子、榛子、蒸煮或烤制的红薯、土豆、不加糖的鲜榨橙汁、西瓜汁、芹菜汁等。

家长在给孩子吃零食时需要注意：吃零食前先洗手，进食零食后要饮少量清水，防止蛀牙；零食分量要适可而止，切忌整天频繁进食；看电视时不要吃零食；吃零食亦要定时定量，有规律地在两顿正餐之间吃。

6 岁宜忌食物举例

海带

海带是一种海产品，含有比较多的钙元素。海带里还含有微量元素碘，能够预防缺碘性甲状腺肿大。

菠菜

菠菜营养丰富，其含有较多的胡萝卜素、叶酸、钾、铁、膳食纤维等营养物质。

黑木耳

黑木耳含铁量高于白木耳，还富含可溶性膳食纤维、木耳多糖等营养物质，是适合孩子食用的健康食物。

玉米

孩子生长发育快，代谢旺盛，玉米富含维生素 B_2，可以促进皮肤毛发的正常生长，对发育有促进作用。

苹果

苹果含有多种维生素、矿物质、糖类等营养成分，还含有较多的可溶性膳食纤维，有利于润肠通便。

宜

竹笋

竹笋中所含的粗纤维较硬，幼儿的消化系统还没发育完善，且咀嚼能力较弱，很容易引起胃痛胃胀。

洋葱

洋葱的营养丰富，但辛辣刺激，容易让孩子胀气，不宜让幼儿多吃。熟洋葱相对于生洋葱来说更适合孩子吃。

糯米

糯米比较难消化，用糯米制成的汤圆等食物也是如此。因此不适合给幼儿食用，容易造成幼儿消化不良。

红枣

红枣味道甜腻，含糖量高，吃多了对孩子的牙齿不好。且红枣皮不容易消化，容易发粘，因此孩子不宜多食。

樱桃

樱桃味道甘美，但性热，吃多了容易上火。且樱桃核小而圆，警惕发生呛噎、窒息，给孩子食用时要多多注意。

忌

扫一扫，看视频

鲫鱼蒸蛋

- **材料：**鲫鱼 200 克，鸡蛋液 100 克，葱花少许。
- **调料：**芝麻油、老抽、料酒、胡椒粉、盐各适量。
- **做法**

1. 处理好的鲫鱼两面打上一字花刀，撒上适量盐，加入胡椒粉，抹匀。淋上料酒，再次抹匀后腌渍 10 分钟。
2. 在蛋液中加入盐，打散搅拌匀。注入适量的清水，搅匀。取一个碗，倒入蛋液，放入鲫鱼。
3. 用保鲜膜将碗口包住并扎几个小孔，待用。电蒸锅注水烧开，放入食材蒸 20 分钟。
4. 取出食材，将保鲜膜撕去，淋上芝麻油、老抽，撒上备好的葱花，即可食用。

美食有话说

◎ 鲫鱼和鸡蛋都是富含优质蛋白的食物，鸡蛋黄中还含有较多的卵磷脂。这道菜可以为孩子补充蛋白质，也有助于益智健脑。

烹饪小贴士

◎ 鲫鱼多刺，要小心食用哦。

奶酪蔬菜煨虾

- **材料：** 奶酪25克，平菇50克，胡萝卜65克，青豆45克，虾仁60克。
- **调料：** 盐、水淀粉、食用油各适量。
- **做法·**

① 将洗净的平菇切粒。胡萝卜切成丝，改切成粒。

② 锅中注入适量清水，用大火烧开。倒入洗好的青豆，煮1分30秒至其断生。下入虾仁，再煮30秒至虾仁转色。把煮好的青豆和虾仁捞出。

③ 用油起锅，倒入胡萝卜粒、平菇粒，炒出香味。

④ 放入剁碎的虾仁、青豆拌炒匀。注入适量清水煮沸。放入奶酪、盐、水淀粉，勾芡。盛出，装入碗中即可。

美食有话说

◎ 奶酪除了含有较多的蛋白质以外，还富含钙，特别适合处于快速生长发育中的少年儿童。家长可以为孩子多选择一些用奶和奶制品制作的菜肴。

烹饪小贴士

◎ 处理食材时，虾仁的虾肠要处理干净，否则吃起来会发苦。

扫一扫，看视频

39

扫一扫，看视频

蓝莓山药泥

- **材料：**山药 200 克，蓝莓酱 30 克。
- **调料：**白醋适量。

· 做法 ·

1. 将去皮洗净的山药切成块。

2. 把山药浸入清水中，加少许白醋，搅拌均匀，去除黏液。将山药捞出，装盘备用。

3. 把山药放入烧开的蒸锅中。盖上盖，用中火蒸 20 分钟至熟。揭盖，把蒸熟的山药取出。

4. 把山药倒入大碗中，先用勺子压烂，再用木锤捣成泥。取一个干净的碗，放入山药泥，再放上适量蓝莓酱即可。

美食有话说

◎蓝莓有助于大脑健康和改善认知功能，帮助宝宝的大脑发育。

◎山药和蓝莓，是公认的滋补佳品，有良好的保健作用。这是一款不错的饭后甜点，也可以作为孩子的加餐或零食。

芦笋彩椒鸡柳

- **材料：**鸡胸肉 250 克，红彩椒 60 克，黄彩椒 60 克，芦笋 50 克，蒜末少许，姜片少许。
- **调料：**盐、胡椒粉、水淀粉、料酒、生抽、食用油各适量。
- **做法：**

① 洗净的红彩椒、黄彩椒切去头尾，去籽，改切成条。洗净的芦笋切成小段。鸡胸肉切成条。

② 鸡胸肉加适量调料，搅拌片刻，腌渍 10 分钟。

③ 热锅注入食用油烧热。倒入鸡胸肉炒匀。倒入蒜末、姜片，炒香。倒入彩椒、芦笋，炒匀。

④ 注入 50 毫升的水至煮开。加入盐、水淀粉，充分拌匀。关火后，将炒好的菜肴盛入盘中即可。

🍲 烹饪小贴士

◎ 这是一道富含色彩的菜肴，红色和黄色的彩椒加绿色的芦笋，让人看了很有食欲。芦笋富含叶酸、维生素 C 和膳食纤维，也有人认为芦笋具有一定的预防肿瘤的作用，是一种健康且适合孩子食用的蔬菜。芦笋在下锅炒之前也可以先焯一下水，这样可以让芦笋显得更加翠绿。可以在水里加少量盐和油，使颜色保持鲜艳。

扫一扫，看视频

甜椒拌海带丝

- **材料**：海带 200 克，青、红甜椒各 1 个，蒜 3 瓣。
- **调料**：糖 1 小匙，醋 1 大匙，盐、生抽、香油各半小匙。
- **做法**：

1. 青、红甜椒去蒂，去籽，切成丝泡入清水中，浸泡 10 分钟，即可自然弯曲；海带洗净，切细丝；蒜用压蒜器制成蒜蓉。
2. 锅中倒水，大火煮开后，放入海带丝，余烫 2 分钟后浸入冷水中，待冷却后捞出沥干。
3. 将所有材料放入碗中，加入调料搅拌均匀即可食用。

烹饪小贴士

◎这道菜使用的海带是鲜海带，清水洗净即可，无需长时间泡发。用鲜海带制作凉拌菜比使用干海带更加清脆可口。

薏米海带蛋片汤

- **材料**：薏米 100 克，鸡蛋 3 个，水发海带 150 克，葱花少许。
- **调料**：水淀粉、盐、清汤各适量。
- **做法**：

1. 薏米洗净，捞出控干；海带洗净，浸泡，切成菱形片；鸡蛋打散，加盐、葱花、水淀粉打匀，在平底锅里摊成薄蛋饼，稍冷后，切成和海带相同大小的菱形片。
2. 沙锅内放清汤、薏米、海带片，大火烧开后改小火，烧至薏仁熟烂时放蛋片，最后用盐调味即可。

美食有话说

◎薏米富含碳水化合物，可以作为主食来食用。同时薏米属于粗粮，用于代替白米饭更加健康。

黑木耳什锦菜

· **材料**：白菜、平菇各 100 克，黑木耳 20 克，胡萝卜、青甜椒各 50 克，葱丝、姜丝、蒜片各适量。

· **调料**：盐、鸡精各适量。

· **做法** ·

① 白菜、胡萝卜、青甜椒分别洗净，切片；黑木耳用水泡开后洗净，与洗净的平菇分别撕成小块。

② 油锅烧热，煸香葱丝、姜丝、蒜片，依次加入白菜片、平菇块、黑木耳块、胡萝卜片、青甜椒片炒熟。

③ 加入盐、鸡精调味即可。

美食有话说

◎黑木耳属于菌藻类食物，能量低，富含膳食纤维、多糖类，铁的含量也较高，可以经常为孩子选用。

黑木耳炒山药

· **材料**：山药 150 克，西红柿、水发黑木耳各 50 克，葱、姜、香菜段各适量。

· **调料**：盐、鸡精、白糖、醋、香油各适量。

· **做法** ·

① 黑木耳、西红柿洗净，均切块；山药削去皮，洗净，切成菱形片，入凉水锅中，煮至微变透明时捞起备用。

② 油锅烧热，下葱、姜爆香，放入西红柿块、黑木耳块煸炒，加入山药片，调入盐、鸡精、醋、白糖，快速翻炒均匀，撒入香菜段，淋香油，装盘即可。

美食有话说

◎铁棍山药含有淀粉和多酚类等物质，既可作为蔬菜，也可以作为主食。我国传统医学还认为铁棍山药是食药两用的食物。

银耳炒菠菜

- **材料**：菠菜100克，银耳、蒜各50克，葱、姜各适量。
- **调料**：盐少许。
- **做法**·

1. 菠菜洗净；银耳泡发，洗净，撕小朵；蒜去皮，切末备用。
2. 锅内放水烧开，下菠菜，氽烫后捞出，去根，从中间一切两段。
3. 油锅烧热，放入银耳、葱、姜、蒜末稍炒，再下菠菜段，炒匀后，调入盐，拌炒均匀即可。

烹饪小贴士

◎蒜去皮时可以用清水浸泡5分钟，然后用手轻轻捻去外皮。

菠菜拌鱼肉

- **材料**：鱼肉、菠菜叶各适量。
- **调料**：盐少许。
- **做法**·

1. 鱼肉去皮、骨，放入沸水中氽烫至熟，捣碎。
2. 菠菜叶洗净，煮熟，捣烂。
3. 鱼肉与菠菜混合均匀调入盐即可。

美食有话说

◎鱼肉含丰富的硒，与菠菜合用，其营养与功效更加卓著，能补充铁质、预防宝宝缺铁性贫血。

虾仁玉米

· **材料**：面粉 4 大匙，牛奶、黄瓜丁、虾仁、玉米粒各 1 大匙，蒜末少许。

· **做法**·

① 面粉与牛奶放入碗里搅拌一下；虾仁剁碎后与玉米粒、黄瓜丁、蒜末一同放入牛奶面粉中搅拌均匀。

② 起锅热油，做法 1 中的材料取出煎一下即可。

美食有话说

◎虾仁含有较高的蛋白质，脂肪含量很低，而玉米又含有大量的膳食纤维，所以给宝宝吃这道菜，既能为宝宝补充营养，但又不会让宝宝的体重增加。

黑木耳炒鸡丝

· **材料**：鸡胸肉 300 克，水发黑木耳 100 克，竹笋 50 克，蒜 15 克，红甜椒 1 个，葱 1 根。

· **调料**：A：蛋清、淀粉、植物油各 1 大匙；B：高汤 3 大匙，白糖半大匙，盐适量；C：香油适量。

· **做法**·

① 鸡胸肉切丝，加入调料 A 拌匀，腌渍 15 分钟；黑木耳、竹笋、蒜、红甜椒均洗净切丝；葱切段。

② 油锅烧热，将鸡肉丝过油至八分熟后捞出沥油。

③ 另起油锅，小火炒香蒜末、红甜椒、葱段，再放其他材料翻炒，加调料 B 拌炒，最后加调料 C 即可。

玉米牛奶肉丸

- **材料**：猪瘦肉 140 克，玉米粒、配方奶粉各 2 大匙。
- **调料**：淀粉少许。
- **做法**

① 将猪瘦肉洗净，剁泥，再捏成小圆球，汆烫至熟透；玉米粒剁成蓉。

② 将配方奶粉与玉米蓉放入锅中，用小火煮开，淋入少许淀粉勾芡至浓稠，盛出淋在肉丸上即可。

香椿拌豆腐

- **材料**：内酯豆腐 1 盒，香椿 50 克，蒜末 2 大匙，葱花少许。
- **调料**：盐适量，酱油、香油、鸡精各少许。
- **做法**

① 内酯豆腐洗净，横切成厚片放盘内。

② 香椿洗净，放碗内用开水汆烫一下，捞出切去老根，切成细末。

③ 调料加入蒜末调匀，淋在豆腐片四周，撒上香椿、葱花即成。

香蕉苹果奶

- **材料**：配方奶 200 毫升，香蕉半根，苹果半个。
- **做法**

① 香蕉、苹果去皮，切成小块。

② 将香蕉、苹果一起放入搅拌机内搅拌至呈黏稠糊状时，立即放入热奶，再搅拌均匀。

③ 将拌好的果奶倒入水杯或盛入碗中，待温度适宜即可食用。

玉米虾仁鸡蓉汤

- **材料：** 鲜虾仁 6 个，嫩玉米粒 75 克，鸡蓉 30 克，白菜末 30 克，鸡蛋 1 个，面粉 25 克。
- **调料：** 盐适量。
- **做法：**
  1. 鸡蛋磕破，蛋液倒入碗中调匀，备用。
  2. 虾仁除去泥肠，洗净，切成丁，备用；玉米粒用开水汆烫一下沥干，备用。
  3. 油锅加热，加入面粉拌炒至呈糊状，再加入其余食材煮熟，淋入蛋液，调入盐煮滚即可。

猪肝菠菜汤

- **材料：** 新鲜连根菠菜 100 克，猪肝 50 克，姜丝适量。
- **调料：** 盐适量。
- **做法：**
  1. 菠菜洗净，切成段；猪肝切片。
  2. 锅置火上，加适量水，待水烧开后，加入姜丝和盐，再放入猪肝片和菠菜段，水沸肝熟即可。

绿豆苹果汤

- **材料：** 绿豆 20 克，苹果、胡萝卜、洋葱各 30 克，豌豆仁适量。
- **调料：** 蔬菜高汤 350 克。
- **做法：**
  1. 绿豆用水浸泡 2 小时后捞出沥干；胡萝卜、洋葱洗净去皮，切块；苹果洗净切块。
  2. 将蔬菜高汤、做法 1 中的所有材料、豌豆仁放入锅中，以中火煮开即可。

7—12岁，全天能量和营养素推荐量

7—12岁是上小学的年龄，营养非常重要，需要合理安排好孩子一日三餐。早餐一定要吃好，这对于孩子整个上午紧张的学习和用脑是非常必要的。早餐应该包括主食、牛奶和鸡蛋、适量的蔬菜水果，这样营养才能均衡。中午和晚上更要搭配均衡，米或面食，经常吃些粗粮，蔬菜可以换着样吃，再加点鱼、肉、虾、蛋等优质蛋白食物。晚餐可以稍清淡些，选择容易消化的食物，但也应营养均衡。

营养物质如能量和蛋白质的每日建议量，各国的标准略有不同，世界卫生组织也给出了相应的建议。对于中国的孩子来说，中国营养学会的建议应该是最适合的。不同年龄、不同性别、不同活动程度的儿童，每日能量和蛋白质的建议量都有所不同。一般随年龄的增加而增加，男生高于女生，中等体力活动高于轻体力活动。由于骨骼生长迅速，对矿物质尤其是钙的需要量很大，其他微量元素如锌、铁、铜等及各种维生素也必须充分供给。脂肪摄入量不宜过高，其所供热量约占总热量的25%～30%，其中1/2来自植物油。如果此时儿童营养供给不足，就会出现疲劳或抵抗力降低的现象。蛋白质不足会导致发育迟缓、体重减轻，甚至出现智力障碍、注意力不集中等症状，所以应根据其特点合理安排饮食。适当进补可以消除疲劳、补充消耗，有利于儿童更健康地成长。

另外，根据7—12周岁儿童热能和营养量的需要，在饮食安排上，必须包括如下五类食品：

第一类食物：以谷类为主，如米饭、馒头、面条、玉米、红薯等，主要供给碳水化合物、蛋白质和B族维生素，以提供热量。

第二类食物：以动物性食物为主，如肉、蛋、奶、鱼等，以供给优质蛋白质及脂肪、矿物质、维生素A和B族维生素。

第三类食物：以豆类为主，如大豆及其制品，以供给植物优质蛋白质及脂肪、矿物质、膳食纤维和B族维生素。

第四类食物：以蔬菜水果为主，供给维生素、矿物质和膳食纤维。

第五类食物：食用油和坚果，食用油应以植物油为主，以提供热量和必需脂肪酸。

同时，家长在给孩子准备食物时，不必照搬群体的建议量，要针对自己孩子的具体情况，进行个体化的安排和设计，合适的摄入量就能帮助孩子正常地生长发育。这个时期儿童生长发育的特点是：（1）大脑的功能逐渐发达，智力活动增多；（2）随着年龄的增加，体格和智力发育日益旺盛，而且性发育逐渐成熟，直至生长发育接近成人。这个时期是儿童是否能健康成长的关键时期，特别要注意给予充足、合理的营养。了解儿童生长发育情况，除定期去医院请医生对他们进行全面体格检查外，还应当进行全面系统的观察。儿童的生长发育和营养状况，客观反映在身长、体重和胸围等方面的变化。对儿童进行身长、体重、胸围等的测量，是一项重要的儿童保健工作，也是一项重要的营养监测工作。

儿童期生长发育旺盛，活泼好动，肌肉系统发育特别快，故对热能、蛋白质的需要量很大。儿童生长发育是快慢交替的，一般2岁以后，保持相对平稳，每年身高增长4～5厘米，体重

增加 1.5 ～ 2.0 千克。当女孩到 10 岁，男孩到 12 岁时，生长发育突然增快，身高年增长率为 3% ～ 5%，体重年增长率为 10% ～ 14%，年增长 4 ～ 5 千克，个别达 8 ～ 10 千克。约 3 年之后，生长速度又减慢。因此学龄儿童的后期正是处于生长发育的高峰期，对各种营养素的需要量大大增加。在生长发育过程中，各系统发育是不平衡的，但身体会统一协调。如出生时脑重为成人脑重的 25%，6 周岁时已达 1200 克，为成人脑重的 90%，之后虽仅增加 10%，但脑细胞的结构和功能进入复杂化的成熟过程。生殖系统在 10 岁前，几乎没有发展，而 10 岁后即开始迅速发育。

因此各系统的生长发育是互相影响、互相适应的。任何一种因素作用于机体，都可影响到多个系统，如适当进行体育锻炼，不但促进肌肉和骨骼系统的发育，也促进呼吸、心血管和神经系统的发育。家长可综合各种情况，配合运动，为孩子补充营养。

胡萝卜鳕鱼粥

· **材料：**鳕鱼30克，胡萝卜10克，米粥半碗。

· **做法** ·

1. 将胡萝卜洗净，去皮，切小丁；鳕鱼洗净，切小丁。
2. 胡萝卜丁、鳕鱼丁与粥混合煮软，搅成糊状。
3. 沸腾后把火关小，煮至米烂。

美食有话说

◎鳕鱼肉质鲜嫩、刺少，适合用于制作辅食。另外，鳕鱼脂肪低，妈妈不必担心孩子常吃鳕鱼会发胖。其中所含的高蛋白是孩子生长发育所必需的营养成分。

鸭蓉米粉粥

· **材料：**鸭胸脯肉、米粉各100克。

· **做法** ·

1. 鸭胸脯肉洗净剁碎，放入油锅中炒成鸭蓉。
2. 用清水将米粉调开，倒入另一锅内，加温水拌匀，煮沸后，加入鸭蓉，煮5分钟即可。

烹饪小贴士

◎鸭肉要多煮一会儿，便于孩子食用。另外，这道粥对食欲不佳有一定的缓解作用。

蕉香馄饨

- **材料：**馄饨皮 200 克，香蕉 100 克，香芹末少许，面粉适量。
- **调料：**沙拉酱适量。
- **做法：**
1. 香蕉去皮切半，面粉加入少量清水调为面糊。
2. 取馄饨皮铺平，香蕉段放在对角线上卷起，涂上面糊，使其封口固定，两边涂面糊，开口处压紧；调料与香芹末混合均匀，备用。
3. 将馄饨香蕉卷生坯放入烤箱，烤 12 分钟即成。

南瓜通心粉

- **材料：**通心粉 15 克，南瓜 20 克，熟蛋黄 1/4 个。
- **调料：**清高汤 3 大匙，海苔粉少许。
- **做法：**
1. 通心粉煮熟剁碎。
2. 南瓜去皮洗净，煮熟后捣碎；熟蛋黄捣碎成泥。
3. 通心粉、南瓜泥加清高汤调匀装盘，放上蛋黄泥，撒上少许海苔粉即可。

乌龙面蔬菜汤

- **材料：**柴鱼片 1 杯，圆白菜末少许，洋葱（切薄片）1/6 个，乌龙面少许。
- **调料：**高汤适量。
- **做法：**
1. 柴鱼片、高汤放入小锅中煮至沸腾。
2. 加入圆白菜末、洋葱片、乌龙面，用小火慢慢熬烂。
3. 将煮好的柴鱼片倒入磨臼内，仔细磨烂，放入面内。

紫菜饭卷

· **材料**：米饭 100 克，紫菜 50 克。

· **调料**：白醋、白糖各少许。

· **做法**·

① 米饭熟后，晾凉，放入一点白醋和白糖拌匀。

② 将紫菜剪成 6 厘米见方的块，放上米饭。

③ 卷成条状，压紧即可。

蔬菜蛋饼

· **材料**：胡萝卜少许，洋葱、豆芽、菠菜各适量，蛋黄 1 个，面粉 1 小匙。

· **做法**·

① 所有蔬菜分别洗净，切成细丁，加少许油炒软、放凉。

② 蛋黄、面粉与蔬菜丁混合拌匀，即为馅料。

③ 平底锅加热，加少许油，将馅料分成 2 份，压扁放入锅中，小火煎至两面金黄。

果酱薄饼

· **材料**：面粉 60 克，鸡蛋 2 个，牛奶 150 克。

· **调料**：盐少许，黄油、果酱各适量。

· **做法**·

① 面粉放入碗中，磕入鸡蛋搅匀，加入盐和化开的黄油、牛奶搅匀，20 分钟后再搅拌成面糊。

② 锅置火上烧热，抹一层油，倒入一汤勺面糊在锅底均匀分布，一面烙熟后翻面再烙至全熟。

③ 按同样方法烙熟全部薄饼，然后在每块薄饼上放少许果酱卷起来即可。

鸡汤小·饺子

· **材料**：小饺子皮 6 张，肉末 30 克，白菜 50 克，香菜叶少许，鸡汤少许。

· **做法** ·

1. 白菜洗净，切碎，与肉末混合搅拌成饺子馅。
2. 用饺子皮和馅将饺子包好。
3. 锅内加水和鸡汤，大火煮沸后，放入饺子，盖上锅盖煮沸后，揭盖加入少许凉水，敞着锅煮沸后再加凉水，如此反复加 4 次凉水后煮沸即可。

海陆蛋卷饭

· **材料**：米饭半碗，虾仁 5 个，鸡肉 30 克，胡萝卜、圆白菜各 20 克，鸡蛋 1 个，海苔 1 片。

· **做法** ·

1. 鸡肉洗净，切丝；虾仁洗净，去泥肠，二者一起余烫至熟。
2. 胡萝卜及圆白菜洗净，切丝，备用；将鸡蛋煎成薄蛋皮。
3. 蛋皮上放上米饭、海苔、虾仁、鸡肉丝、胡萝卜丝及圆白菜丝后，卷成寿司状，切成小块即可食用。

肉蛋羹

· **材料**：猪里脊肉适量，鸡蛋 1 个，香菜少许。

· **调料**：香油少许。

· **做法** ·

1. 猪里脊肉切片后剁成泥。
2. 鸡蛋打入碗中，只取蛋黄，加入和蛋黄液同样多的凉白开水，再加入肉泥朝一个方向搅匀，然后上锅蒸 15 分钟。
3. 出锅后淋上香油，撒上香菜点缀。

鸡蛋饼

- **材料**：面粉50克，西红柿、鸡蛋各1个。
- **做法**：

① 西红柿洗净，去皮切碎；鸡蛋磕入碗中打散，加入适量水、面粉，搅拌均匀，再加入碎西红柿，搅拌成糊状。

② 锅置火上，放少许植物油烧热，倒入搅好的鸡蛋面糊，煎至两面呈金黄色即可。

茯苓黑芝麻粥

- **材料**：大米100克，核桃仁50克，茯苓20克，黑芝麻20克。
- **调料**：盐、香油各少许。
- **做法**：

① 大米淘净；核桃仁热水浸泡；茯苓研碎备用。

② 浸泡好的大米和茯苓碎倒入沙锅，再倒入适量清水，大火煮沸后转小火焖煮25分钟。

③ 放入核桃仁、黑芝麻，再煮20分钟至粥稠，最后加盐、香油调味即可。

疙瘩汤

- **材料**：面粉50克，蛋黄液适量，菠菜叶25克，虾仁、香菜各15克。
- **做法**：

① 将面粉和成稍硬的面团揉匀，擀成薄片，切成黄豆粒大小的丁，撒入少许面粉，搓成小球。

② 虾仁切小片；香菜切末；菠菜汆烫后切末备用。

③ 高汤倒入锅内，放入虾仁片煮沸后下入面疙瘩，煮熟。淋入蛋黄液，加入香菜末、菠菜末，滴入香油，盛入碗内即成。

肝泥银鱼蒸鸡蛋

· **材料**：鸡蛋1个（取蛋黄），鸡肝1个，银鱼少许。
· **做法**·

❶ 鸡蛋取蛋黄倒入碗中，加水50毫升打散。

❷ 锅里放2杯水，煮滚后，将银鱼及鸡肝氽烫，捞起泡水备用。

❸ 氽烫过的银鱼及鸡肝，各切薄片，用刀剁细碎。

❹ 剁碎的鸡肝泥与银鱼泥，放入打散的蛋黄液中，用筷子搅匀，再用保鲜膜覆盖放入锅中蒸熟即可（注意要全熟）。

小白菜玉米粥

· **材料**：小白菜、玉米面各50克。
· **做法**·

❶ 先把小白菜洗净，入沸水中氽烫，捞出，切成末。

❷ 用温水将玉米面搅拌成浆，再加入小白菜末，搅拌均匀。

❸ 锅置火上，把水煮沸，把小白菜末、玉米面浆一起下锅，大火煮沸即可。

水果蛋奶羹

· **材料**：苹果、香蕉、草莓、桃各20克，配方奶粉50克，鸡蛋1个（取蛋黄）。
· **做法**·

❶ 先将桃子、苹果分别洗净，去皮，去核，切成块；把草莓去蒂，洗净，切丁；香蕉去皮，切成块；将蛋黄打散备用。

❷ 将配方奶粉加水放入锅中煮至略沸，加苹果块、桃子块、草莓丁、香蕉块煮2～3分钟，淋入蛋液，再稍煮，放凉后即可食用。

香菇鸡肉粥

· **材料**：大米、鸡脯肉各 50 克，鲜香菇 2 朵。
· **做法** ·
① 大米淘洗净，入锅中煮熟；鲜香菇洗净，剁碎；鸡脯肉洗净，剁成泥状。
② 锅内倒油烧热，加入鸡肉泥、香菇末翻炒。
③ 把米饭下入锅中翻炒数下，使之均匀地与香菇末、鸡肉泥混合。
④ 锅内加水，用大火煮沸，再转小火熬至黏稠即可。

鸡蛋糯米粥

· **材料**：糯米 50 克，鸡蛋 2 个。
· **做法** ·
① 糯米淘洗干净；鸡蛋敲破，打散。
② 糯米放入锅中，加适量水煮成粥。
③ 粥将熟时，淋入鸡蛋，稍煮即可。

肉末菜粥

· **材料**：大米 20 克，猪瘦肉末 50 克，油菜、葱末、姜末各适量。
· **做法** ·
① 油菜洗净，切碎；大米洗净，备用。
② 锅内倒油烧热，加入葱末、姜末爆香，随后下入肉末炒熟，盛在碗里备用。
③ 锅内放入大米和适量清水，大火煮沸后，转小火煮 10 分钟，然后加入肉末及碎油菜，同煮 5 分钟即可。

红薯小·窝头

· **材料**：红薯 400 克，胡萝卜 200 克，藕粉 100 克。
· **调料**：白糖适量。
· **做法** ·

① 红薯、胡萝卜洗净后蒸熟，取出晾凉后剥皮，挤压成细泥。

② 在做法 1 制好的材料中加藕粉和白糖拌匀，并切小团，揉成小窝头。

③ 大火蒸约 10 分钟后取出，起锅装盘即可。

双米银耳粥

· **材料**：大米、小米、水发银耳各 20 克。
· **做法** ·

① 大米和小米分别淘洗干净；水发银耳择洗干净，再撕成细小的朵。

② 锅内放水，放入大米、小米用大火煮沸后，放入银耳，转中火再煮熟即可。

蒸红薯芋头

· **材料**：红薯、芋头各 50 克。
· **做法** ·

① 红薯和芋头分别去皮，洗净，入锅中隔水蒸熟。

② 取出后，拿勺背压成泥状，拌匀即可。

生地大米粥

- **材料**：新鲜生地 150 克，大米 50 克。
- **调料**：冰糖适量。
- **做法**
  1. 新鲜生地洗净，捣烂，用纱布挤汁；大米淘洗干净。
  2. 将大米、冰糖放入沙锅内，加清水煮成稀粥，再加入生地汁，改用小火再煮沸一次即可。

桂圆小·米栗子粥

- **材料**：小米 100 克，玉米粒、桂圆各 50 克，栗子适量。
- **调料**：红糖适量。
- **做法**
  1. 小米、玉米粒淘洗干净，用水浸泡 30 分钟。
  2. 桂圆、栗子去壳取肉。
  3. 把做法 1 和做法 2 中的材料一起入锅，加水适量，大火烧开后转用小火熬煮成粥，调入红糖即成。

核桃木耳大米粥

- **材料**：核桃仁 20 克，黑木耳 10 克，大枣 5 颗，大米 100 克，冰糖 20 克。
- **做法**
  1. 将黑木耳放入温水中泡发，去蒂，洗净，撕成瓣状；大枣、核桃仁洗净。
  2. 黑木耳、大米、大枣、核桃仁同放入锅内，加水大火烧开，然后改用小火熬至黑木耳熟烂，大米成粥后，加入冰糖搅匀即成。

蔗浆大米粥

- **材料：**甘蔗 50 克，大米 100 克，高汤适量。
- **做法·**
1 将甘蔗洗净后，去皮，榨取蔗浆汁，备用。
2 大米淘洗干净后加入清水浸泡 30 分钟，捞出备用。
3 锅中加入高汤、大米用大火煮沸，转小火煮至米粒软烂黏稠，倒入蔗浆汁，加少许水，置大火上烧沸，再用小火熬煮至熟即成。

双黑粥

- **材料：**黑豆 50 克，黑米 100 克。
- **调料：**白糖适量。
- **做法·**
1 黑豆洗净，去杂质，浸泡 4 小时；黑米去杂质，淘洗干净，备用。
2 将黑豆、黑米一起放进锅内，加适量清水，大火煮沸，再改用小火慢煮 50 分钟。
3 加入适量的白糖调味，出锅装碗即成。

鸡蛋生菜玉米粥

- **材料：**生菜 150 克，鸡蛋 1 个，玉米 100 克，大米、鸡汤各适量。
- **调料：**盐适量。
- **做法·**
1 生菜洗净，切末；大米洗净，备用；玉米剥粒洗净。
2 锅内加适量水，放入玉米、鸡汤煮粥。
3 粥成八分熟时加入生菜末，再煮至粥熟，打入鸡蛋，加盐搅匀即可食用。

玉米粉粥

· **材料**：玉米粉 50 克，大米 100 克，葱、姜各适量。
· **调料**：盐适量。
· **做法** ·

1 大米用清水淘洗干净，除去杂质后放入锅内；玉米粉放入大碗中，加冷水调稀，倒入大米锅内，再加适量水；葱姜洗净。

2 将盛有大米和玉米粉的锅置大火上熬煮，边煮边搅动，防止糊锅，快熟时加姜末、葱花、盐调味即成。

葡萄干核桃粥

· **材料**：核桃 50 克，葡萄干 20 粒，紫糯米 100 克。
· **调料**：冰糖适量。
· **做法** ·

1 核桃去壳，核桃肉切碎；葡萄干洗净；紫糯米洗净后用水浸泡 2 小时，捞出备用。

2 锅置火上，放入清水与紫糯米，小火熬煮至黏稠，加入葡萄干、冰糖继续煮 15 分钟。

3 把熬好的粥晾一晾，放入碎核桃肉，拌匀即可。

胡萝卜菠菜粥

· **材料**：胡萝卜、菠菜、大米各 50 克。
· **做法** ·

1 胡萝卜削皮洗净，切成小丁；菠菜用水汆烫，切成碎末，备用。

2 大米淘洗干净，加适量水煮开后转小火熬煮至软烂，加入胡萝卜丁。

3 熬煮至胡萝卜丁软烂，放入菠菜碎，稍煮片刻，即可关火食用。

椰子山楂大米粥

· **材料**：椰子 100 克，山楂片 30 克，大米 50 克，玉米粒 50 克。

· **调料**：冰糖 30 克。

· **做法**·

①　椰子放在砧板，将硬壳敲裂，用小刀起肉。

②　山楂片切成米粒状；玉米粒洗净。

③　锅内放入大米、玉米粒，加适量清水大火烧开，改小火熬至米开且粥稠，放冰糖、山楂粒、椰肉稍煮即可。

小·麦糯米粥

· **材料**：糯米 100 克，小麦 50 克。

· **调料**：白糖适量。

· **做法**·

①　糯米、小麦分别淘洗干净。

②　将糯米、小麦与适量水一同放入锅中煮粥。

③　待粥熟后，依个人口味调入白糖即可。

松仁大米粥

· **材料**：松子仁 15 克，大米 100 克。

· **调料**：高汤适量，冰糖 25 克。

· **做法**·

①　将松子仁研碎；大米淘洗干净，备用。

②　大米加入适量清水浸泡 30 分钟，捞出控水。

③　大米放入锅中，加入适量高汤煮沸，转小火煮约 1 小时，至米粒软烂黏稠。

④　将备好的松子仁加入稠粥中，用小火熬熟，再加入冰糖搅匀即成。

碎牛肉细面汤

· **材料**：牛肉 15 克，细面条 50 克，胡萝卜、四季豆各适量，柠檬汁少许。

· **做法** ·

① 水煮沸后下入细面条，煮 2 分钟，捞出来，切成小段，备用；将牛肉洗净，切碎；胡萝卜、去皮，洗净，切成末；四季豆洗净，切碎，备用。

② 将碎牛肉、胡萝卜末、四季豆碎与高汤一起放入另一个锅内，大火煮沸，然后加入细面条煮至熟烂，最后加入柠檬汁调味即可。

鲑鱼海苔盖饭

· **材料**：米饭 1/2 碗，鲑鱼 80 克，无盐海苔适量。
· **调料**：盐适量。
· **做法** ·

① 鲑鱼洗净，沥干水分后放入热油锅中以小火煎熟，取出压碎。

② 无盐海苔撕碎，放入小碗中，加入碎鲑鱼肉和盐混合均匀。

③ 米饭盛入小碗中，盖上做好的海苔鲑鱼即可。

西红柿饭卷

· **材料**：软米饭 1 碗，西红柿、鸡蛋各 1 个，碎胡萝卜、葱末各少许。

· **做法** ·

① 将西红柿洗净，去皮，切碎；鸡蛋磕入碗里搅拌均匀。

② 油锅烧热，将鸡蛋液倒入，摊成蛋皮。

③ 另取一锅，倒油烧热，将碎胡萝卜、葱末炒香，然后放入米饭和西红柿，翻炒均匀后起锅。

④ 炒好的米饭摊在蛋皮上卷起，切成小卷即可。

菠菜豆腐饭

· **材料**：大米、菠菜各 100 克，豆腐 150 克。
· **调料**：鸡汤适量。
· **做法**·

❶ 将大米淘洗干净，加适量水，上火蒸成饭。

❷ 豆腐用开水稍煮一下，捞出待凉后剁（或压）成泥状；菠菜洗净后用开水汆烫下，沥干，切成末。

❸ 把蒸好的米饭放入锅内，加入鸡汤，再加入豆腐泥、菠菜末，小火稍煮片刻即可。

什锦炒饭

· **材料**：米饭 100 克，茄子 20 克，西红柿半个，土豆泥 10 克，肉末 5 克。
· **做法**·

❶ 茄子洗净，去皮，切成末；西红柿洗净，去皮，切成丁；肉末与土豆泥拌匀备用。

❷ 锅内倒油烧热，放入肉末、土豆泥炒散，再加入茄子末、蒜末、西红柿丁煸炒，加入软米饭，加一点水，炒匀后调味即可。

南瓜炒饭

· **材料**：南瓜 40 克，米饭 90 克，菠菜叶细末 1 大匙。
· **做法**·

❶ 南瓜去皮，洗净，蒸熟，切小丁。

❷ 锅置火上，加 1 小匙油，放入所有材料拌炒均匀即可。

鸡丝面片

- **材料**：鸡肉 50 克，面片、嫩油菜、姜各适量。
- **调料**：鸡汤适量。
- **做法**·

1️⃣ 鸡肉洗净，切成薄片；再将嫩油菜洗净，切碎；姜洗净，切成片。

2️⃣ 锅置火上，加适量鸡汤煮沸后，下入鸡肉片和姜片煮熟。

3️⃣ 鸡肉片煮熟捞出后撕成丝，再放回锅里，煮沸后下入面片和油菜末，煮 5 分钟至熟烂即可。

烹饪小贴士

◎面片需尽量薄些，鸡丝也不能太粗。

鱼泥馄饨

- **材料**：鱼泥 100 克，小馄饨皮 10 张，韭菜末、香菜末各适量。
- **调料**：高汤少许。
- **做法**·

1️⃣ 将鱼泥和韭菜末做成馄饨馅，包入小馄饨皮中，做成馄饨生坯。

2️⃣ 锅内加水，煮沸后放入生馄饨，再次煮沸后，倒入少许高汤再煮一会儿，至馄饨浮在水上时，撒上香菜末即可。

可口鲑鱼炒饭

- **材料：**米饭 200 克，鲑鱼 40 克，青豌豆 20 克，玉米 20 克，胡萝卜碎 25 克，鸡蛋 1 个。
- **调料：**酱油 1 小匙，盐适量。
- **做法：**
  1. 鸡蛋打散，炒熟起锅备用。
  2. 鲑鱼去刺，鱼肉洗净。
  3. 油锅烧热，放入米饭拌炒，放入青豌豆、玉米及胡萝卜碎，再放入鲑鱼、炒好的鸡蛋和全部调料，混炒均匀即可。

白菜面条

- **材料：**面条 100 克，白菜叶 30 克。
- **调料：**清高汤适量。
- **做法：**
  1. 白菜叶洗净，切成细丝。
  2. 把面条放进锅里，加适量清高汤，待煮沸后，转小火加入白菜丝一起煮熟即可。

苋菜龙须面

- **材料：**苋菜 15 克，龙须面 100 克。
- **调料：**清高汤 3/4 碗。
- **做法：**
  1. 苋菜去硬梗，留叶部洗净，切细末。
  2. 龙须面剪小段，约 2 厘米。
  3. 清高汤煮沸，放入苋菜末、龙须面段煮软，即可盛碗。

虾仁海带

- **材料**：海带块 50 克，净虾仁 30 克，葱花、姜、蒜各少许。
- **调料**：酱油、醋、盐、白糖各适量。
- **做法**：
  1. 蒜、姜洗净，均切成小块，用油爆香。
  2. 将海带块、虾仁下锅炒熟，加入酱油、醋、盐、白糖等调料，起锅后撒上葱花即可食用。

香椿拌香干

- **材料**：香椿 300 ～ 500 克，五香豆干约 60 克。
- **调料**：白砂糖、盐、鸡精、香油各适量。
- **做法**：
  1. 香椿清洗干净，去除老梗；五香豆干切成小丁。
  2. 香椿放入滚水中焯烫，待颜色变绿后立即捞出，挤去水分，切碎。
  3. 将香椿碎与豆干丁混合，加入盐、白糖、鸡精和香油拌匀即可。

鸡肉西蓝花片

- **材料**：鸡肉 100 克，西蓝花 1 小朵。
- **调料**：肉汤、奶油调味汁、盐各适量。
- **做法**：
  1. 西蓝花洗净，入锅焯烫，捞出切片。
  2. 鸡肉洗净、切片，入锅加肉汤煮，再加入奶油调味汁，待煮至稠时加盐调味，最后放入西蓝花片煮片刻即可。

熘猪肝

- **材料：** 猪肝200克，净黑木耳、姜丝、蒜片各适量。
- **调料：** 盐、干淀粉、清汤各适量。
- 做法·

① 将猪肝剖两半，洗净，切片，再用干淀粉拌匀，备用。

② 油锅烧热，倒入猪肝片，炸1分钟，捞出，控油，锅中放入黑木耳以及姜丝、蒜片、盐，再加入少量干淀粉和清汤以及炸好的猪肝炒两下即可。

黑木耳豆芽炒肉丝

- **材料：** 豆芽、水发黑木耳、瘦肉丝各100克，水发腐竹50克。
- **调料：** 生抽、水淀粉各1大匙，香油1小匙，姜1片，盐适量。
- 做法·

① 将水发黑木耳择洗干净，切细丝；豆芽放进沸水锅中焯烫一下捞出；姜洗净切末；将水发腐竹切成斜丝；瘦肉丝用生抽和水淀粉抓匀。

② 油锅烧热，放入姜末爆香，倒入肉丝炒散，再放入豆芽和黑木耳丝煸炒，加少量水，放入盐和腐竹丝。

③ 用小火慢烧3分钟，转大火收汁，用水淀粉勾芡，淋入香油即可。

香干炒黄豆芽

· **材料**：黄豆芽200克，香干80克，红椒丝20克，蒜片适量。
· **调料**：盐、鸡精、生抽、白糖各少许。
· **做法** ·
① 将黄豆芽择洗干净；香干洗净切丝。
② 将黄豆芽、香干丝分别焯烫，捞出，沥干，备用。
③ 炒锅烧热，加油，加红椒丝、蒜片炒香。
④ 放入黄豆芽、香干丝略炒。
⑤ 加盐、鸡精、生抽、白糖调味。
⑥ 翻炒均匀，出锅装盘即可。

芹菜炒鱿鱼

· **材料**：鱿鱼1条，芹菜200克。
· **调料**：酱油、盐各1小匙，香油少许。
· **做法** ·
① 将鱿鱼剖开，切成粗条，汆烫一下捞出，沥干；芹菜洗净，切成段，备用。
② 油锅烧热，倒入芹菜段，加入盐，快速翻炒至芹菜有香味散出，然后倒入鱿鱼条，烹入酱油，翻炒均匀，淋入香油即可。

黑木耳炒黄花菜

- **材料：** 干黑木耳 20 克，干黄花菜 80 克，葱 1 段。
- **调料：** 素鲜汤 100 克，水淀粉 1 大匙，盐适量。
- **做法**

① 将黑木耳用温水泡发后去蒂洗净，撕成小朵；将干黄花菜用冷水泡发，清洗干净，沥干水分；葱洗净，切小段备用。

② 油锅烧热，加入葱段爆香后放入黑木耳、黄花菜煸炒均匀。

③ 加入素鲜汤，烧至黄花菜熟后加入盐，用水淀粉进行勾芡即可。

西芹炒黑木耳

- **材料：** 西芹 80 克，黑木耳 40 克，百合 35 克，葱末、姜片各适量。
- **调料：** 盐、鸡精各适量。
- **做法**

① 西芹洗净，切片；百合洗净，掰成片；黑木耳入清水中浸泡至发后，去蒂洗净，撕小朵，备用。

② 锅置火上，加入适量油，烧热后爆香葱末、姜片。

③ 放入西芹片翻炒至熟，然后放入百合片、黑木耳，炒至软后，调入盐、鸡精，翻炒均匀即可。

莴笋肉片

- **材料:** 莴笋300克, 瘦猪肉150克, 鸡蛋清、葱段、姜片各适量。
- **调料:** 酱油、料酒各少许, 盐、醋、淀粉各适量。
- **做法·**

① 莴笋去皮, 洗净, 切薄片; 瘦猪肉洗净, 切片, 用盐、酱油、料酒和蛋清一起搅拌, 再用适量淀粉抓匀上浆。

② 油锅烧热, 爆香葱段和姜片, 再加入瘦猪肉片翻炒, 放入莴笋片、料酒、酱油、醋、盐一起翻炒, 待熟时加少许水淀粉勾芡, 翻炒均匀即可。

莴笋两吃

- **材料:** 莴笋450克, 豆腐皮250克, 红椒丝、香菜叶各适量。
- **调料:** 白糖、盐各1小匙, 醋、鸡精、蒜蓉辣酱各适量。
- **做法·**

① 将莴笋去皮洗净, 切丝, 入沸水中氽烫断生后捞出, 过冷水沥干。

② 豆腐皮入沸水中焯烫, 捞出沥干。

③ 将豆腐皮平铺在案板上, 再将一部分莴笋丝放在上面, 然后将豆腐皮卷起来后切成小段, 放于盘中, 点缀香菜叶, 用于蘸蒜蓉辣酱吃。

④ 将剩余的莴笋丝放在碗中, 调入白糖、盐、鸡精、醋和红椒丝搅拌均匀, 腌渍入味后即可同豆腐卷一起食用。

西红柿烧牛肉

· **材料**：牛腩200克，西红柿250克，姜、葱各20克。
· **调料**：番茄酱30克，白醋适量，盐适量，白糖适量。
· **做法** ·

① 将牛腩切小块，汆烫片刻，沥干；姜切末；葱切末；西红柿去蒂，切成大块，备用。

② 油锅烧热，放入姜末炒香，然后放入牛腩块、番茄酱、白醋、盐、白糖翻炒一下。

③ 再加入适量水，以大火煮沸，再转为小火炖煮30分钟左右。

④ 加入西红柿块续煮1小时，待牛腩块软烂、汤汁略微收干时，撒入葱末，装盘即可。

白萝卜牛腩

· **材料**：牛腩300克，白萝卜250克，蒜苗段50克，姜片、蒜末、葱末各适量。
· **调料**：盐、料酒、豆瓣酱、鸡精、蚝油、白糖、水淀粉、香油各适量。
· **做法** ·

① 将牛腩洗净，切块；白萝卜去皮洗净，切块。

② 锅中加入适量的清水烧开，放入牛腩块汆烫片刻，捞出沥干。

③ 油锅烧热，放入姜片、蒜末、葱末、豆瓣酱炒香。烹入料酒，倒入牛腩块略炒。

④ 在锅中加适量清水烧沸，加入白萝卜块、盐、鸡精、蚝油、白糖调味。

⑤ 最后撒入蒜苗段。以水淀粉勾芡，淋入香油，出锅装盘即可。

鸡肉拌南瓜

· **材料**：鸡脯肉 20 克，南瓜 15 克。
· **调料**：盐、酸奶酪、番茄酱各适量。
· **做法** ·

① 将鸡脯肉洗净，放入加盐的沸水中煮熟，捞出后撕成细丝。

② 南瓜洗净去皮、籽，切成丁，入沸水锅中隔水蒸熟取出。

③ 把鸡丝和南瓜丁放入碗中，加入酸奶酪、番茄酱拌匀即可。

玉米油菜心

· **材料**：玉米粒 30 克，油菜心 20 克。
· **调料**：香油、盐各少许。
· **做法** ·

① 将玉米粒、油菜心分别洗净，入沸水中煮熟捞出，油菜心切碎。

② 玉米粒和油菜心碎装盘，拌入香油和盐即可。

橙汁茄条

· **材料**：茄子 1 个。
· **调料**：橙汁、白糖、干淀粉、水淀粉各适量。
· **做法** ·

① 茄子去皮洗净，切成长条，放入碗中，加入少许清水沾湿，再拍匀淀粉备用。

② 油锅烧热，下茄条炸至定型，捞出沥油备用。

③ 锅中加入少许清水烧沸，先放入橙汁、白糖，再下入茄条烧至入味，然后用水淀粉勾薄芡，翻拌均匀即成。

芹菜焖豆芽

- **材料**：绿豆芽 50 克，芹菜 1 根，葡萄干、姜各适量。
- **调料**：盐适量。
- **做法**：

1 芹菜择洗干净，切成段；姜去皮，洗净，切碎；葡萄干用清水浸泡 20 分钟；绿豆芽洗净备用。

2 油锅烧热，炝香姜末，再放芹菜段、高汤略煮，然后加入绿豆芽和葡萄干，再煮 5 分钟，最后加盐调味，收干汤汁即可。

香煎茄片

- **材料**：长茄子 1 条，蒜苗、海米各 50 克，蛋黄液、葱、姜、蒜各适量。
- **调料**：白糖、酱油、水淀粉、干淀粉各适量。
- **做法**：

1 茄子洗净去皮切厚片，盐水泡 30 分钟取出，裹干淀粉、蛋黄液；海米洗净切粒；蒜苗切小段。

2 油锅烧热，茄片炸成金黄色。锅内留底油，放入葱、姜、蒜煸香，放入海米和高汤，下茄片加调料翻炒，用水淀粉勾芡，下蒜苗段炒熟。

黄豆芽炒韭菜

- **材料**：黄豆芽 150 克，韭菜 100 克，虾米 50 克，蒜、姜丝各适量。
- **调料**：沙茶酱 1 小匙，盐少许。
- **做法**：

1 黄豆芽洗净；韭菜洗净，切小段；蒜拍碎；虾米泡发。

2 油锅烧热，蒜、姜丝爆香后转大火，加黄豆芽和韭菜段快炒，放虾米拌炒，加沙茶酱和盐调味。炒至汤汁收干即可。

七彩香菇

- **材料：** 水发香菇、水发黑木耳各 100 克，青甜椒、红甜椒、冬笋各 50 克，绿豆芽 5 克。
- **调料：** 盐、水淀粉各适量。
- **做法**
① 青甜椒、红甜椒、冬笋、水发黑木耳分别洗净，切成细丝；香菇洗净，切小块。
② 油锅烧热，放入香菇块、青甜椒丝、红甜椒丝、冬笋丝、绿豆芽、黑木耳丝煸炒，加水和盐略煮，用水淀粉勾芡即可。

软煎鸡肝

- **材料：** 新鲜鸡肝 200 克，鸡蛋 1 个，葱花适量。
- **调料：** 面粉、盐各适量。
- **做法**
① 新鲜鸡肝清洗干净，切成片。
② 鸡肝片裹上盐、面粉和蛋清。
③ 将油锅烧热，放入鸡肝片，煎至两面呈金黄色，出锅撒上葱花即可。

海米炒油菜

- **材料：** 油菜 200 克，海米 40 克。
- **调料：** 盐、高汤各适量。
- **做法**
① 海米用温水泡软；油菜洗净，切成小段。
② 锅中放油烧热后，加入高汤用大火煮开，油菜段和海米一起下锅，改用中火煮沸，加盐调味，再用大火收汁即可。

荷叶莲藕炒豆芽

- **材料**：鲜莲藕 100 克，鲜荷叶、水发莲子各 30 克，豆芽 50 克。
- **调料**：盐、水淀粉各适量。
- **做法**：

① 莲藕去皮，洗净，切成丝；水发莲子与荷叶丝加水煮汤备用；豆芽淘洗干净。

② 油锅烧热，放入莲藕丝煸炒至七分熟，再加入豆芽稍翻炒。

③ 放入荷叶、莲子汤适量，煮开后加盐调味。

④ 用水淀粉勾薄芡即可。

秀菊苦瓜

- **材料**：苦瓜 50 克，食用菊花 2 朵。
- **调料**：盐 1 小匙，鸡精半小匙。
- **做法**：

① 苦瓜去蒂、去籽，洗净切条，入沸水中氽烫，捞出晾凉，沥干水分。

② 油锅烧热，将苦瓜条滑炒至熟，加调料调好味，装盘，撒菊花瓣即可。

胡萝卜丝炒韭菜

- **材料**：胡萝卜 100 克，韭菜 50 克。
- **调料**：盐适量，料酒 1 大匙。
- **做法**：

① 胡萝卜去皮，洗净，切细丝；韭菜择洗干净，切段。

② 锅内放油烧热，放入胡萝卜丝炒至断生（八成熟）。再加入韭菜段及所有调料炒熟即可。

爽口黄瓜

- **材料**：黄瓜 100 克，猪肉末 50 克。
- **调料**：盐、料酒、酱油、香油各适量。
- **做法**：
  1. 黄瓜洗净，剖成 4 瓣，去掉内瓤，加盐腌渍拌匀，待黄瓜吐水后取出洗净，切 1 厘米见方的丁备用。
  2. 油锅烧热，放入猪肉末煸炒片刻，加入料酒、酱油炒香，下黄瓜丁、盐、香油炒匀，起锅装盘晾凉即可。

草菇炒黄瓜片

- **材料**：小黄瓜 2 根，草菇 8 个，葱末、姜末各适量。
- **调料**：盐、鸡精、料酒、高汤各适量。
- **做法**：
  1. 草菇去蒂，洗净，切片，在沸水中余烫一下；黄瓜洗净，切片，备用。
  2. 油锅烧热，放入葱末、姜末炒香，加黄瓜片、草菇片翻炒，加入高汤、料酒、盐、鸡精调味，炒熟即可。

土豆冬笋炒鸡块

- **材料**：鸡肉 100 克，土豆、冬笋各 50 克，葱段、姜片各适量。
- **调料**：酱油、淀粉、盐各适量。
- **做法**：
  1. 将鸡肉、土豆、冬笋均洗净，切块。将鸡肉用淀粉、酱油搅拌均匀，腌渍 30 分钟。
  2. 油锅烧热，放入葱段和姜片煸香，先炒鸡肉、冬笋，再加入土豆块拌炒均匀，加水、盐和酱油，煮至汤汁浓稠、材料熟透即可。

醋熘白菜

- **材料**：嫩白菜帮 100 克，青红甜椒共 50 克，虾米、蒜片、姜丝各适量。
- **调料**：鲜汤、水淀粉、香油、醋、白糖各适量。
- **做法**
  ① 白菜帮切成长条；青红甜椒切成细长条。
  ② 油锅烧热，放白菜条翻炒，再放入姜丝、蒜片、虾米翻炒几下，加鲜汤、醋、白糖焖 1 分钟。
  ④ 待白菜断生后加青红甜椒丝，翻炒几下，用水淀粉勾芡，淋少许香油出锅即可。

黑木耳炒苦瓜

- **材料**：苦瓜 30 克，水发黑木耳、洋葱各 50 克，枸杞子少许。
- **调料**：盐、白糖、香油各适量。
- **做法**
  ① 将苦瓜洗净，去籽，切片，用清水浸泡，捞起控干水分。黑木耳、洋葱均切块备用。
  ② 油锅烧热，下洋葱炒香，放入苦瓜片煸炒，再下入黑木耳，调入盐、白糖迅速翻炒均匀。
  ③ 淋上香油，撒上枸杞子装盘即可。

虾仁炒白菜

- **材料**：白菜 100 克，虾仁 50 克，葱 1 根，香菜少许。
- **调料**：盐少许，水淀粉 2 大匙。
- **做法**
  ① 白菜洗净，放入沸水中汆烫后立即捞起，晾凉，切成 3 厘米长的段；葱切小段；虾仁洗净。
  ② 油锅烧热，下虾仁炒熟，放入白菜段，加盐、葱段稍炒，再加入水淀粉翻炒几下，撒上香菜起锅装盘即成。

两香山笋

- **材料**：山笋、香肠、香菇各 50 克。
- **调料**：盐少许，白糖、水淀粉各 1 大匙，鸡汤适量。
- **做法**
① 将山笋、香菇洗净。
② 山笋、香菇、香肠均切片。
③ 将山笋片放入沙锅中，加入鸡汤，大火烧开后转小火炖 15 分钟。
④ 另取一炒锅，将炖好的山笋片倒入锅中，加入香肠片、香菇片、白糖、盐翻炒几下，待汤汁收浓，用水淀粉勾芡起锅装盘即可。

西红柿炒鸡蛋

- **材料**：西红柿、鸡蛋各 2 个，葱花、蒜末、姜末各适量。
- **调料**：盐适量。
- **做法**
① 西红柿洗净去皮，切成小方丁；鸡蛋打成蛋液加少许盐，打匀。
② 油锅烧热，放入蛋液炒至结块且表面略微焦黄，盛出。锅内放姜蒜爆香，放入西红柿丁，翻炒至快熟时放调料，再放入鸡蛋炒匀，撒上葱花即可。

西红柿炒香芹

- **材料**：西红柿 200 克，香芹 100 克，香葱、枸杞子各少许。
- **调料**：盐、鸡精、番茄酱、香油、白糖各适量。
- **做法**
① 香芹择洗干净，切成丝；西红柿洗净，切成片；香葱洗净，切成花。
② 油锅烧热，下葱花爆香，放入西红柿煸炒至熟，下入香芹炒至八成熟，调入盐、鸡精、白糖、番茄酱，大火迅速炒熟。淋香油，装盘即可。

素炒什锦

- **材料**：芹菜、黄瓜各1根，胡萝卜1/4根，豆腐干2块，菠菜3根。
- **调料**：盐、酱油、水淀粉各适量。
- **做法**：

❶ 芹菜洗净，切成段；胡萝卜洗净，切成片；豆腐干洗净，切成条；菠菜洗净，切成段；黄瓜洗净，切成片。

❷ 将芹菜段、豆腐干、菠菜段分别焯烫，备用。

❸ 油锅烧热，先投入胡萝卜片，快速翻炒，再放入芹菜段、豆腐干、菠菜段，加入水淀粉和少许清水，用大火翻炒几下，加适量盐和酱油，调味出锅即可。

烹饪小贴士

◎炒素是江浙一带的汉族传统佳肴，什锦拿来素炒，口味清淡口感清脆，淋上麻油更是色味俱全。

奶香蔬菜蛋盒

- **材料**：鸡蛋3个，牛奶50毫升，西红柿半个，小黄瓜半根，玉米粒适量。
- **调料**：奶酪、番茄酱、盐各少许。
- **做法**：

❶ 将鸡蛋打入碗中，加盐、牛奶搅匀；西红柿、小黄瓜、奶酪均切成小丁备用。

❷ 平底锅放油烧热，倒入适量蛋液，用中火煎蛋并转动锅，让蛋液均匀分散，摊成薄厚一致的蛋皮。

❸ 待蛋液开始凝固时，加入奶酪丁、西红柿丁、小黄瓜丁和玉米粒，用锅铲将煎蛋朝一个方向卷成半月形，合好口。转小火，慢慢翻动让馅中奶酪融化，待蛋卷表面呈金黄色后盛出。依照此法再做3～4个蛋盒，淋上番茄酱即成。

清炒双花

- **材料**：西蓝花、菜花各 100 克，蒜末少许。
- **调料**：盐、香油各少许。
- **做法**：

① 将菜花和西蓝花洗好，切成小朵。

② 油锅烧热，放蒜末爆香，再把菜花和西蓝花都倒入锅里翻炒，加盐，若太干可加一点水。炒熟以后，淋入香油，盛出即可。

西蓝花炒百合

- **材料**：西蓝花 100 克，百合、胡萝卜、蒜泥各少许。
- **调料**：盐、白糖各适量。
- **做法**：

① 胡萝卜去皮，洗净切片；西蓝花洗净切小朵。

② 锅中加水烧沸，加少许白糖，将食材分别放入沸水中汆烫，捞出沥干水分。

③ 油锅烧热，放入蒜泥爆香，倒入西蓝花、胡萝卜片、百合快速翻炒至西蓝花八分熟时，加盐炒匀炒熟即可。

金针菇炒丝瓜

- **材料**：金针菇 100 克，丝瓜 50 克，蒜蓉、枸杞子各少许。
- **调料**：盐、酱油、香油各适量。
- **做法**：

① 金针菇去根，洗净；丝瓜去皮，洗净，切成丝。

② 金针菇放入沸水中汆烫，捞出备用。

③ 油锅烧热，下蒜蓉爆香，放入丝瓜炒至八分熟后下入金针菇，调入盐、酱油炒至熟透，淋香油，装入盘中，撒上枸杞子即可。

肉丝炒黄豆芽

· **材料**：黄豆芽 50 克，猪里脊 30 克，鸡蛋 1 个（蛋清），姜末、葱花各少许。

· **调料**：盐、醋、白糖、料酒、香油、酱油、蚝油、色拉油、淀粉各适量。

· 做法 ·

1. 将酱油、色拉油、淀粉、蛋清调匀，制成腌料备用；将盐、白糖、酱油、蚝油、淀粉、香油拌匀，制成芡汁备用。

2. 黄豆芽去根洗净；猪里脊洗净，切丝，加入腌料腌 10 分钟。

3. 炒锅烧热倒油，烧至七成热时下里脊煸炒片刻。

4. 下黄豆芽、姜末、料酒、醋炒匀，放入芡汁勾薄芡，最后放葱花炒匀即可。

美食有话说

◎黄豆芽营养丰富，常吃能保护皮肤、淡化色斑。

茭白炒金针菇

· **材料**：茭白、水发黑木耳各 50 克，金针菇 30 克，香菜、红甜椒、姜各适量。

· **调料**：盐、白糖、醋、香油各适量。

· 做法 ·

1. 将茭白去壳洗净，切丝，汆烫，捞出沥干。

2. 金针菇洗净，入沸水中汆烫，捞出沥干；红甜椒洗净，去籽，切细丝；黑木耳和姜切成细丝，香菜切段。

3. 油锅烧热，爆香姜丝、红甜椒丝，再放入茭白丝、金针菇、黑木耳炒匀，最后加盐、白糖、醋、香油调味，放入香菜段，起锅装盘即可。

胡萝卜黄瓜炒鸡蛋

- **材料**：胡萝卜、黄瓜各50克，鸡蛋1个，葱末、姜末各少许。
- **调料**：盐、香油各适量。
- **做法**
  1. 胡萝卜洗净，去皮，切菱形片；黄瓜洗净，切菱形片；鸡蛋打入碗内，调入盐搅匀备用。
  2. 油锅烧热，下入鸡蛋液炒熟，盛出备用。
  3. 葱末、姜末爆香，胡萝卜片、黄瓜片炒至八分熟，放入炒好的鸡蛋翻炒，淋香油装盘即可。

黑木耳圆白菜

- **材料**：水发黑木耳、圆白菜各50克。
- **调料**：盐、酱油、醋、白糖、水淀粉、香油各适量。
- **做法**
  1. 黑木耳择洗净，沥干水分，撕成小片；圆白菜洗净，择去老叶，撕成小片，沥干水分。
  2. 油锅烧至七成热，放入黑木耳、圆白菜煸炒，加酱油、盐、白糖调味，用水淀粉勾芡，加醋，淋香油，装盘即可。

西蓝花凤尾虾

- **材料**：虾、西蓝花各50克，蛋清1/3个，葱末、姜末各少许。
- **调料**：盐、水淀粉各适量，高汤、料酒各少许。
- **做法**
  1. 虾处理干净，西蓝花掰成小朵，洗净后氽烫，捞出冲凉，沥干水分。
  2. 油锅烧至九成热放入虾仁，至变色时捞出。
  3. 锅内留底油下葱姜爆香，放入西蓝花炒熟，煮至喜爱的脆度，放入虾仁炒匀即可。

酸甜洋葱

- **材料**：洋葱 100 克，蒜末适量。
- **调料**：盐适量，番茄酱 20 克。
- **做法**：

❶ 洋葱剥去外皮，洗净，切成片，备用。

❷ 油锅烧热，放入蒜末煸炒出香味，放入洋葱片炒至发软。

❸ 放入番茄酱，加盐翻炒均匀即可。

银鱼肉碎四季豆

- **材料**：四季豆 100 克，肉末 50 克，虾米、银鱼各 25 克，姜末 2 小匙。
- **调料**：盐半小匙，白糖、醋 1 小匙，香油适量。
- **做法**：

❶ 四季豆撕去老筋，洗净切段；虾米浸软，洗净剁碎；银鱼略微浸洗。

❷ 油锅烧热放姜炒香，放入肉末、虾米、银鱼煸炒至全熟；再放四季豆、其他调料炒匀，小火收干水分，最后淋上香油炒匀即可。

四季豆炒粉丝

- **材料**：四季豆、牛肉各 100 克，粉丝半束，蒜蓉 1 大匙，红甜椒块少许。
- **调料**：盐、蚝油、香油各适量。
- **做法**：

❶ 四季豆滚水汆烫，捞出后切小段；粉丝热水浸泡片刻捞出切长段；牛肉切薄片，加调料腌渍。

❷ 先爆香蒜蓉，加入牛肉片炒开，再加入四季豆段、红甜椒块同炒，加盐、蚝油混炒一下，放入粉丝段快炒，滴入香油即可起锅。

苦瓜瘦肉汤

- **材料**：鲜苦瓜 100 克，猪瘦肉 50 克。
- **调料**：盐适量。
- **做法**：

1. 鲜苦瓜去瓤，切块，待用；猪瘦肉洗净，切片。
2. 将猪肉片放入沸水中汆烫去血水，捞出备用。
3. 苦瓜块与猪肉片放进煲内，加适量清水，大火煲 20 分钟，再用小火慢煲 2 小时，加少许盐调味，即可食用。

肉片南瓜汤

- **材料**：猪肉片、南瓜各 50 克，大枣 6 颗，香菜少许，姜 1 片。
- **调料**：柴鱼精半小匙，盐、料酒各适量。
- **做法**：

1. 南瓜去籽后切块；香菜切段。
2. 用油炒香姜片与南瓜片后，加入料酒、水与大枣，烧开煮 10 分钟并撇出油沫。
3. 加入柴鱼精、盐煮 2 分钟再放入肉片，最后撒入香菜即可。

南瓜海带猪肉汤

- **材料**：南瓜、猪脊骨各 200 克，海带 50 克，猪肉 100 克，姜少许。
- **做法**：

1. 将猪脊骨剁好；南瓜去皮，去籽，洗净切成块。
2. 锅内烧水，待水开时，放入猪脊骨、猪肉去除血水，倒出洗净。
3. 瓦煲放入清水，用大火煮沸后放入猪脊骨、猪肉片、海带、南瓜块、姜，煲 2 小时后调入盐、鸡精即可食用。

芋头荸荠汤

- **材料**：芋头 50 克，荸荠 30 克。
- **调料**：盐 1 小匙，高汤 8 杯。
- **做法**：

❶ 芋头、荸荠分别洗净，去皮，切薄片；锅内放入清水烧沸，分别将芋头片、荸荠片入沸水中汆烫 1 分钟，取出用水冲凉。

❷ 油锅烧热，下入芋头片和荸荠片炒至半熟，倒入高汤，加盐烧至入味即可。

苹果鲜蔬汤

- **材料**：苹果、玉米粒、西红柿、圆白菜、胡萝卜各 50 克，鲜香菇、西芹、姜各少许。
- **调料**：橄榄油、盐各适量。
- **做法**：

❶ 苹果去核，胡萝卜去皮，均切成厚块；姜及西红柿洗净，切小块；圆白菜剥开叶片洗净；西芹去老皮，与香菇均洗净切小片，备用。

❷ 锅中倒入橄榄油，下胡萝卜、香菇炒香，加适量水和其余材料，待胡萝卜熟软加盐煮至入味。

鲫鱼黑豆汤

- **材料**：鲫鱼 1 条，黑豆 100 克，大枣 6 颗，生姜数片。
- **调料**：盐适量。
- **做法**：

❶ 鲫鱼杀好洗净后，放入烧热的油锅中，炸至微黄，加入一碗清水略煮片刻。

❷ 将黑豆洗净；大枣去核，洗净，备用。

❸ 将鲫鱼与汤汁放入瓦罐内，投入处理好的黑豆、大枣与姜片，向瓦罐内注入 6 碗清水，小火煲至黑豆烂熟后，用盐调味即可。

南瓜排骨汤

· **材料**：南瓜块 30 克，小排骨 2 块。
· **做法** ·

① 先将小排骨洗净，放入沸水中汆烫洗净，再捞出备用。

② 锅中加水、小排骨块煮 50 分钟，放入南瓜块煮 5 分钟。

③ 取出南瓜块压成泥状，加 4 大匙高汤调匀即可。

美食有话说

◎以含钙丰富的排骨做汤底，可促进骨骼发育、维护骨骼健康。

西梅小·西红柿甜汤

· **材料**：小西红柿 50 克，西梅 8 颗。
· **调料**：白糖适量。
· **做法** ·

① 西梅洗净，去核；小西红柿去蒂，洗净备用。

② 适量清水加白糖、西梅煮沸，再加小西红柿煮 3 ~ 5 分钟，离火调味即可。

烹饪小贴士

◎洗西梅时不要用洗涤剂或开水浸泡，清水冲几遍就可以了。

大头菜排骨汤

- **材料**：大头菜 1 棵，排骨 200 克，香菜叶适量。
- **调料**：盐少许。
- **做法**
  1. 排骨洗净，用热水汆烫过，去除血水后捞起沥干。
  2. 排骨加水 3 碗，煮滚后改小火焖煮约 10 分钟。大头菜削除外皮，切滚刀块。
  3. 切好的大头菜放入排骨汤内，继续焖煮约 10 分钟，大头菜熟后，加盐调味，撒上香菜叶即可。

美食有话说

◎大头菜中含有丰富的膳食纤维，从而能够促进肠道的蠕动，适合孩子选用。

茼蒿香菇银鱼汤

- **材料**：茼蒿 100 克，银鱼 50 克，香菇 30 克，胡萝卜丝少许。
- **调料**：盐、香油、鸡汤各适量。
- **做法**
  1. 茼蒿择洗干净，切段；银鱼处理干净，备用；香菇去蒂，洗净待用。
  2. 锅中加适量鸡汤烧沸，先放入香菇和胡萝卜丝，用盐调味。
  3. 香菇熟软后，再下入银鱼、茼蒿同煮，入味后，滴入香油，即可食用。

美食有话说

◎香菇中含有香菇多糖，胡萝卜中含有胡萝卜素，这两种营养都有助于增强抵抗力。

毛豆浓汤

· **材料**：毛豆 50 克，牛奶 100 克，枸杞子适量。
· **调料**：盐适量。
· **做法** ·

❶ 毛豆去皮、薄膜、杂质，洗净滤干后倒入榨
汁机中，加牛奶榨汁。

❷ 榨好的汁以细网筛过滤，将滤好的汁倒入锅
中，以中火煮，边煮边搅拌，待煮沸后加盐
调味即成。

水果莲子汤

· **材料**：莲子 100 克，菠萝丁 50 克，樱桃、青豆、
桂圆各 25 克。
· **调料**：冰糖适量。
· **做法** ·

❶ 莲子去心，上笼蒸软后取出，沥水装入碗中。

❷ 将水煮沸，放入冰糖，待冰糖溶化后放入莲
子、菠萝丁、樱桃、青豆、桂圆肉，待水煮沸，
改小火煮烂材料即成。

冬瓜红豆汤

· **材料**：冬瓜 150 克，红豆 100 克，脊骨 300 克，
瘦肉 200 克，姜适量。
· **调料**：盐、鸡精各适量。
· **做法** ·

❶ 将冬瓜洗净，连皮切大块；脊骨、瘦肉斩成大
块；姜去皮。

❷ 脊骨、瘦肉加水煮沸，去净血水。

❸ 将脊骨、瘦肉、冬瓜、红豆、姜放入沙锅中，
加入清水，煲 2 小时后调入盐、鸡精即可食用。

桂圆山药汤

· **材料：**干桂圆 60 克，大枣 50 克，山药 150 克。
· **调料：**冰糖适量。
· **做法·**

1 山药去皮，洗净，切丁。
2 大枣、干桂圆洗净，备用。
3 锅中放入山药、干桂圆、大枣，加适量清水大火煮沸，改用小火煮至材料熟软后，加入冰糖调味，即可食用。

西红柿牛腩汤

· **材料：**西红柿 1 个，土豆 200 克，牛腩 150 克，姜 2 片。
· **调料：**盐适量。
· **做法·**

1 牛腩切小块，汆烫后捞出过凉水，沥干。
2 土豆去皮，洗净切块；西红柿洗净切块。
3 煲置火上，注入适量水煮沸，放入姜片、牛腩块煲约 30 分钟后，加入土豆煲约 1 小时，再放入西红柿块煲 30 分钟，加盐调味即可。

家常紫菜汤

· **材料：**紫菜 20 克，虾米 15 克，鸡蛋 1 个，葱花少许。
· **调料：**盐、香油各适量。
· **做法·**

1 紫菜洗净撕碎，虾米洗净，将紫菜、虾米放入碗中，加清水泡好；鸡蛋打成蛋液。
2 油锅烧热，放入葱花爆香，再倒入适量水烧开，加入盐；均匀淋入鸡蛋液搅散，形成蛋花浮起后，加香油调味，再放入泡好的紫菜和虾米煮熟即可。

甜发糕

- **材料**：鸡蛋1个，面粉、玉米面各少许。
- **调料**：白糖、牛奶、发酵粉各适量。
- **做法**·
  1. 鸡蛋边打散边加白糖，直至蛋液发白起泡，再将面粉、玉米面、发酵粉、牛奶一起加入搅拌均匀，做成柔软面坯。
  2. 将搅拌好的面坯放在笼屉内，放入蒸锅蒸熟，取出晾凉后切块装盘即可。

山药羹

- **材料**：山药100克，大米50克。
- **做法**·
  1. 山药去皮，洗净，切成小块；大米淘洗干净，入清水中浸泡3小时后和山药块一起放入搅拌机中打成汁备用。
  2. 大米山药汁下入锅中煮成羹即可。

胡萝卜橘子泥

- **材料**：胡萝卜20克，橘子汁1大匙。
- **调料**：清高汤1大匙。
- **做法**·
  1. 胡萝卜洗净，去皮煮软，入滤网中磨成泥。
  2. 胡萝卜泥、橘子汁、清高汤混合调成糊状。

水果布丁

- **材料**：苹果、香蕉、橘子、梨各 20 克。
- **调料**：白糖、琼脂各适量。
- **做法**：

 苹果、梨分别洗净，切丁；香蕉去皮，切丁；橘子去皮、籽，切丁。

❷ 锅置火上，放琼脂加水煮，至琼脂完全溶化。

❸ 倒入准备好的水果丁，加入白糖调味。

❹ 待白糖溶化后，将布丁倒在碗或其他模具中，冷却后放入冰箱，食用时切块即可。

 烹饪小贴士

◎水果和琼脂的能量都比较低，可以作为控制体重的孩子的零食。但需要注意的是，糖一定要少放，或者可以不放。

吐司布丁

- **材料**：吐司 1 片，鸡蛋半个。
- **调料**：奶油少许。
- **做法**：

❶ 吐司去硬边，撕小片，加少量水以小火煮片刻，成糊状后取出放凉。

❷ 鸡蛋打散，取半个蛋黄加入做法 1 中，拌匀成糊状。

❸ 模具抹少许奶油，倒入做法 2 的蛋糊，入蒸锅以中火蒸 20 分钟即可。

蜜汁甘薯

- **材料**：甘薯 500 克。
- **调料**：麦芽糖、蜂蜜各 1 大匙，桂花糖浆 2 小匙，白糖适量。
- **做法**：

1. 将甘薯去皮洗净，切成小块，放入大碗中，加白糖拌匀，静置 30 分钟，放入蒸锅内蒸熟，取出晾凉。

2. 将蜂蜜、桂花糖浆、白糖和清水熬煮成糖汁，晾凉后倒入腌罐内，放入甘薯块，盖上盖腌渍 2 小时，食用时取出即可。

美食有话说

◎甘薯富含膳食纤维，有利于肠道蠕动，能使人排便顺畅。

红豆泥

- **材料**：红豆 50 克。
- **调料**：橄榄油少许。
- **做法**：

1. 红豆去杂质、洗净，用清水泡发，放入锅内，加入水用大火烧开，加盖转小火焖煮至豆烂。

2. 锅置火上，放入少许橄榄油，倒入豆沙搅拌，改用小火炒成豆泥即可。

美食有话说

◎烹调油开启之后最好放在在阴凉的地方，每次用完要把盖子盖好，不要放在高温处或阳光照到的地方，以避免氧化。

水果藕粉

·**材料**：藕粉 50 克，苹果肉、水蜜桃肉、香蕉肉各 15 克。

·**做法**·

① 藕粉加少许水调匀。

② 苹果肉、水蜜桃肉都切成极细的末，装碗和香蕉肉一起用小勺研磨成泥。

③ 锅置火上，加适量水烧开，倒入调匀的藕粉用小火慢慢熬煮，边熬边搅动，煮至透明时加入果泥，再稍煮即成。

美食有话说

◎优质藕粉都有一种独特的浓郁清香气味，拿在手里用手指揉擦，质地比其他淀粉都要细腻滑爽，摸起来手感非常好。

香蕉柠檬奶昔

·**材料**：香蕉 100 克，配方奶半碗，柠檬汁 1 大匙。

·**调料**：葡萄糖 2 小匙。

·**做法**·

① 香蕉去皮，切小段，备用。

② 将切好的香蕉与配方奶、柠檬汁、葡萄糖一同放入榨汁机内，搅打均匀即可。

美食有话说

◎在奶里添加香蕉，可以起到养胃的作用。再辅以味道酸甜的柠檬汁，还具有开胃的作用。

奶酪水果百汇

· **材料：**西瓜、香瓜、木瓜、火龙果各25克，稀奶酪20克。

· **做法** ·

① 将挖勺器压入水果果肉中，挖出小球状。

② 把所有水果球自由摆放，并淋上稀奶酪。

水果奶冻

· **材料：**奶酪粉、牛奶、哈密瓜各10克，猕猴桃20克，橙子2个，樱桃2颗。

· **调料：**白糖少许。

· **做法** ·

① 将奶酪粉、少量的白糖与橙子榨汁加入牛奶中，覆盖保鲜膜并扎孔，强微波3分钟。

② 将猕猴桃、哈密瓜、橙子切丁，放入奶冻中。

③ 将水果奶冻倒入挖空的橙子中，用樱桃作点缀，放入冰箱冷藏，冷却后即可食用。

银鱼黄瓜拌奶酪

· **材料：**银鱼1小匙，黄瓜少许，奶酪1大匙。

· **做法** ·

① 银鱼放入沸水中余烫，切碎；黄瓜切碎，与切碎的银鱼拌匀。

② 奶酪加入做法1的材料里拌匀即可。

香蕉土豆蔬卷

- **材料**：香蕉 250 克，土豆 150 克，圆白菜 50 克，鸡蛋 1 个，面包糠适量。
- **调料**：盐、黄油各适量。
- **做法**·

❶ 土豆去皮洗净，煮熟，捣成土豆泥，加入黄油、盐拌匀备用。

❷ 香蕉去皮，修成直条；圆白菜入开水略余烫，铺平，抹上土豆泥，自一侧放上香蕉条，慢慢卷起，滚蛋液，拍面包糠。

❸ 油锅加热，下入香蕉卷，炸至金黄色捞出装盘即可。

 美食有话说

◎土豆一旦长芽就不能食用，土豆长芽后龙葵碱大量产生，食用可能会中毒。

◎香蕉、土豆含有较多的糖和碳水化合物，再裹上面包糠油炸，所以这道小吃能量较高，超重的孩子一定要少吃。

苹果沙拉

- **材料**：苹果 400 克，黄瓜 200 克，奶酪、枸杞子各适量。
- **调料**：柠檬汁 4 小匙，胡椒粉、盐、白糖各少许。
- **做法**·

❶ 苹果去皮、去核切小丁；黄瓜去皮、籽，切小丁。一起放入盐水中浸泡 10 分钟。

❷ 奶酪放入锅中化开。用盐、奶酪、柠檬汁、白糖和胡椒粉调成汁，备用。

❸ 苹果丁、黄瓜丁取出沥干，放入调好的汁中，撒上枸杞子即可。

美食有话说

◎苹果中的苹果酸有促进消化的作用，每天吃苹果可以帮助消化和营养的吸收。

13—18 岁，营养食谱，为长高加油续力

认识青春期的身体发育

青春期是从儿童过渡到成人的一个转折阶段。青春发育期间，人的机体在生长、发育、代谢、内分泌功能及心理状态诸方面均发生显著变化。最为突出的表现是女孩的月经初潮和男孩的第一次射精。

那么，具体来说，孩子出现哪些征象，父母就要意识到孩子开始发育了呢？

女孩

对于女孩们来说，妈妈们最早觉察到的大多是乳房的发育。确实，乳房发育是青春期女孩最早引人注意的身体变化，尤其夏天衣物比较单薄时比较容易观察到。

有的孩子会诉说胸部胀痛，仔细触摸可以发现乳晕下的与周围组织质地明显不同的小腺结。乳房发育在初期可以是不对称的，一侧乳房先发育，数月后另一侧开始发育。这里需要提醒一下妈妈们，在冬季穿衣比较多时，乳房发育不太容易被察觉。

继乳房开始发育半年后，身高增长开始加速。由于肾上腺功能初现，在雄激素的作用下，阴毛或者腋毛开始增长，同时皮脂腺分泌旺盛，孩子出现皮肤多油、痤疮。

而卵巢发育增大，雌激素分泌增多，刺激阴道黏膜分泌一种白色、稀薄无异味的阴道分泌物，生理性白带通常在月经初潮前 6 ~ 12 个月开始分泌。

而月经初潮一般发生于青春期启动和生长突增后的 2 ~ 2.5 年。女孩们初潮后月经可能不规则，规则的月经通常于初潮后的第三年建立，这时才有排卵性月经周期。

男孩

而男孩开始发育的征象就更加隐蔽，最早表现基本都是睾丸开始增大，一般把睾丸体积增大超过 4 立方厘米作为男孩青春期启动的标志。

大约 6 个月以后开始出现阴茎生长，身高增速达峰后不久，尿液中就会出现精子以及发生夜间遗精。同时，由于肾上腺皮质功能活跃，男孩们开始出现阴毛、腋毛、胡须、痤疮及喉结。

有少部分男孩青春早期可能会出现乳房发育，但仅仅触及腺结而已，正常情况下不会持续发育，而且多于 1 ~ 1.5 年后自行消退。

关注孩子身高猛增

除了第二性征的发育以外，青春期的第二大事件就是身高突增了，这也是爸爸妈妈们很关心的问题。

青春期是人体快速生长的特殊时期，最终成年体重的 50% 和骨量峰值的 45% 是在青春期积累的。身高增速高峰出现的时间存在性别差异。女孩的青春启动比男孩早，所以女孩身高增速高峰出现的时间平均约比男孩早 2 年。这也是在青春早期，很多女孩会比同年龄的男孩高的原因。

身高增长会使躯干骨和四肢骨都生长，但四肢加速生长的时间早于躯干，肢体远端早于近端。因此，青春期早期的青少年显得"长手长脚"，可能会有一段时间鞋码上升比较快。青春期后期的生长突增主要发生于躯干。

虽然女孩身高增速高峰出现的时间比男孩早，但成年男性普遍比女性高。这种身高差异是由男孩和女孩的生长突增时间和幅度不同造成的。女孩的身高增速高峰平均比月经初潮早半年到来，男孩青春期生长突增大约比女孩晚 2 年开始。

男孩在生长突增开始前还有 2 年时间继续青春期前生长（生长速度为每年 3 ～ 8 厘米）。此外，男孩的身高增速峰值比女孩大（男孩每年 10.3 厘米，女孩每年 9.0 厘米）。男孩和女孩的生长突增通常都持续约 2 年。所以最终成年男性的身高普遍超过女性。

提早开始青春期，也就是通常我们说的性早熟，会导致更早达到身高增速高峰。

这虽然在短期引起高个子，但由于性发育提前导致的雌二醇水平升高，诱发骨成熟，骨骺生长板提前闭合，身高生长较早停止，最终导致成年身高会比较矮。

孩子到了青春期，他们的体重和身体成分也会发生显著变化，尤其是去脂体重和体脂率。男孩在青春期早期体脂减少，随后肌肉比例大幅增加。

女孩在各个阶段的体脂率往往都高于男孩，且 16 岁以后，女孩体块指数每年的增加主要是因为脂肪量的增加。

不管是男孩还是女孩，也不管是青春期哪个阶段，青春期体重增加过度都可出现体脂持续增加，这会导致肥胖从青春期持续到成年期，并且较早肥胖与心血管并发症发生率增加相关。

青春期的营养需求

青少年，特别是 12 岁到 18 岁，正处于青春发育期，身高和体重都在迅速增长，对营养物质消耗大，需求多。这时如果营养不足，会出现疲劳、消瘦和抵抗力降低等现象，影响生长发育和身体健康。为此，应注意以下几点：

(1) 满足热量的供应：根据研究，青少年需要的热量比成年人要多 25% ~ 50%，所以要满足热量供给。碳水化合物是每日能量的主要来源，主食是提供碳水化合物的主角。而主食上的一些粗粮并不比细粮含糖少，所以主食要做到粗细粮搭配、花样翻新，如水饺、包子、馄饨、面条、馒头、糖饼、米饭、小米、绿豆粥等。这对于补充机体需要的热量是大有裨益的。

(2) 要讲究蛋白质的质量：从营养成分来讲，蛋白质对青少年尤为重要，因为各器官的发育，"原料"的储存，主要来源于蛋白质，性腺的功能、抵御疾病的能力以及高级神经系统活动，都和蛋白质有关。因而在饮食上，要增加富含蛋白质的蛋、鱼、肉及豆类食物。青少年每天蛋白质的供给量：11—13 岁男生 60 克，女生 55 克；14—17 岁男生 75 克，女生 60 克。对青少年的蛋白质供应，不仅要满足数量，而且要讲究质量。所以，在膳食中要有一定数量的优质蛋白质，最好能占总蛋白质摄入量的一半左右。

(3) 供给足够的无机盐：青少年的骨骼正在生长发育之中，需要大量的钙和磷，如果钙和磷缺乏，可能产生轻度佝偻病和骨质疏松症。铁供应不足会发生贫血，碘供应不足会出现粗脖子病。因此，青少年每天应摄入钙 1000 ~ 1200 毫克。含钙较多的食物有奶类、鱼、虾、肉蛋类、豆类等；含磷丰富的食物有牛奶、鸡蛋、大豆、鱼类、肉类等；含铁丰富的食物有鱼子、芝麻、蛋黄、动物肝、腐竹、花生等；含碘丰富的食物有海带、紫菜、海鱼等。

(4) 供给充足的维生素：青春期维生素的需要量也是非常大的，各种维生素的需要量均比幼儿和儿童期有所增加。维生素 A、D 对骨骼的发育起重要作用，维生素 B、C 则促进生长和发育。青春期维生素 A 的建议量逐渐增加，18 岁达到成人水平；维生素 D 的建议量从 1 岁起就与成年人相同；维生素 C 建议量从 14 岁起与成年人一致。含维生素 A 丰富的食物有肝、鸡蛋黄、牛奶等，绿色蔬菜中含的胡萝卜素能在人体内变成维生素 A。含维生素 D 丰富的食物有鱼肝油、动物肝、鸡蛋黄等，但鉴于食物不能提供足够的维生素 D，所以孩子应该多进行户外活动、晒太阳；含维生素 C 丰富的食物有新鲜蔬菜和水果，如柿子椒、西红柿、豆芽、橘子、山楂等；含维生素 B_1 丰富的食物有瘦肉、肝、粗粮、酵母、黄豆、葵花籽等。

青春期合理营养的一般原则：所需要的营养应该从日常食物中获得，绝不能天天依赖各种各样的"营养补品"。这一时期的营养问题不仅直接受家庭经济条件和社会发展水平的影响，还受饮食习惯、思想情绪或心理、社会因素等的影响。因此，在饮食营养问题上，不仅要普及营养知识，注意营养成分的搭配，还应培养饮食的好习惯，吃饭定时定量，不暴饮暴食、不偏食、不挑食。青少年需要较多的蛋白质、脂肪和碳水化合物，以供给组织生长的需要，可以从各种动物性食物如肉蛋奶、植物油和坚果以及各种主食中取得；豆制品有较丰富的蛋白质，因此动、植物蛋白互相搭配，不应只偏于肉类。水、多种维生素和矿物质、微量元素都是不可缺少的，因此膳食的调配原则应该多样化，粗细、荤素、稀干、干鲜俱全，品种要多，数量要足。这样才能给旺盛的机体提供足够的营养。

青春期的饮食原则

青春期是人体肌肉发育和运动能力达到高峰的时期。青少年喜欢吃零食和"垃圾食品"，这些食品含有高热量、高糖、高盐和高饱和脂肪，可以为青少年提供高能量，但可能导致肥胖。因此，青春期饮食，一定更要注意以下三大原则。

1. 提倡平衡的膳食供给

平衡膳食是指食物种类齐全，数量比例适当，符合人体需要的膳食。提倡膳食平衡的目的是保证青少年达到全面的营养供给，使摄入的各种营养素均能满足其机体的生理需要。因此，青少年每天的膳食应多样化，粗细粮及副食品的种类和数量都应搭配适当，避免营养素摄入不均。

2. 建立合适的膳食制度

膳食制度包括每日进餐的次数、时间及各餐热能的分配等。膳食制度的建立应与青少年的生理特点、学习生活情况相符合，三餐热能分配以早餐占 30% ~ 35%、午餐占 40%、晚餐占 25% ~ 30% 为宜。一日中各餐的间隔时间最长不超过 6 小时。合理的膳食制度有利于保证青春期胃肠道的正常生理机能，提高机体对食物营养素的吸收。

3. 养成良好的饮食习惯

青少年应养成定时定量进餐、不挑食、不偏食、少吃零食的饮食卫生习惯，达到平衡膳食的要求，预防各种因饮食不规律造成的消化道疾病，从而有利于青春期的健康成长。

苹果炒牛肉

- **材料**：牛腿肉片 300 克，苹果片 60 克，红椒丝、葱段各适量。
- **调料**：鸡汤、鸡精、白糖、料酒、水淀粉各适量。
- **做法**：

① 牛肉片放碗中加白糖、鸡精和料酒拌匀，分 3 次加适量清水，搅拌，直到水全部被牛肉吸收，最后加入水淀粉搅匀，静置；苹果片浸在水中。

② 油锅烧热放入牛肉，用筷子拨散捞出沥油。

③ 另起油锅，爆香葱段，放白糖、料酒、鸡精、鸡汤烧开，倒入苹果片、牛肉片，翻炒均匀，撒上红椒丝即成。

烹饪小贴士

◎ 加入水淀粉可保护食物的营养成分并改善口味，使流失的营养素随着浓稠的汤汁一起被食用。

玉米鱼排

- **材料**：鳕鱼肉 2 片（约 200 克），菠菜 50 克，玉米粒 30 克，蒜泥少许。
- **调料**：白糖、奶油、玉米油、水淀粉各适量，酱油少许。
- **做法**：

① 菠菜择洗净后切小段，放入滚水中烫熟，捞起，加入蒜泥拌匀，铺于盘中备用。

② 玉米粒过沸水汆烫至熟，捞出，沥干，切蓉。

③ 平底锅上火，放入玉米油、奶油，加热至奶油熔化，放入鳕鱼煎至两面微黄，加玉米蓉、白糖、酱油和少许水煮滚，用水淀粉勾芡，盛入菠菜垫底的盘中即可。

金针菇牛肉片汤

- **材料**：嫩牛肉 300 克，金针菇 150 克，蒜末适量。
- **调料**：盐、鸡精各适量。
- **做法**：
① 牛肉洗净，切薄片；金针菇择洗干净。
② 油锅置火上烧热，放入蒜末、牛肉炒至断生，再加水，用小火焖煮 15 分钟左右。
③ 在锅中加入金针菇，调入盐、鸡精炒匀，继续焖煮 5 分钟即可。

麦片柿丁芹菜粥

- **材料**：牛肉馅 200 克，麦片 50 克，鸡蛋 1 个，西红柿丁、芹菜末、葱末、姜末各少许，大米 50 克。
- **调料**：淀粉、鸡精、盐各适量。
- **做法**：
① 牛肉馅放入碗中，加鸡蛋、葱末、姜末、水和调料拌成牛肉浆备用。
② 锅置火上，倒入开水，放入大米，煮开后转用小火熬煮成稀粥。将牛肉馅挤成小牛肉丸，放入煮好的粥中，加入麦片煮滚。
③ 加入西红柿丁、芹菜末、调料，稍煮片刻即可。

滑蛋牛肉粥

- **材料**：牛肉末 30 克，鸡蛋 1 个，稠大米粥大半碗。
- **调料**：高汤少许。
- **做法**：
① 将鸡蛋磕入碗中，打散成蛋液，备用。
② 大米粥用小火煮开，倒入牛肉末、高汤，煮至肉熟后倒入蛋液稍煮即可。

金针菇烧肥牛

- **材料**：牛肉 250 克，金针菇 50 克，姜末、葱花各适量。
- **调料**：高汤、水淀粉、盐、白糖、香油各适量。
- **做法**：
  1. 牛肉切片、加盐腌 10 分钟；金针菇切段。
  2. 油锅烧热，煸香姜末，下牛肉，加高汤，调入盐、白糖，用小火烧透入味，加入金针菇略炒，用水淀粉勾芡，撒葱花，淋香油即成。

芥蓝炒牛柳

- **材料**：牛肉 300 克，芥蓝 150 克，姜片少许，香肠 50 克。
- **调料**：盐、鸡精、白糖、水淀粉、香油各适量。
- **做法**：
  1. 将芥蓝洗净，去叶，切长段；香肠切成片；将牛肉洗净，切细条，用沸水汆烫至半熟。
  2. 锅内倒油烧热，放姜片煸香，放入芥蓝段和牛柳，加盐、白糖、鸡精炒至入味，用水淀粉勾芡，淋香油即可。

酸笋炒牛肉

- **材料**：牛肉 250 克，酸笋 200 克，甜椒 50 克。
- **调料**：水淀粉、嫩肉粉、高汤、鸡精、蒜蓉各适量。
- **做法**：
  1. 牛肉除去筋膜，用刀切成横纹薄片；将嫩肉粉、水淀粉加水调匀，加牛肉片腌 30 分钟；酸笋切片；甜椒去籽，去蒂，切成片。
  2. 锅内留底油，下蒜蓉、酸笋片、青红甜椒片炒匀，加少许高汤，最后放牛肉片、盐、鸡精调味炒匀，装入盘中即可。

鱼肉水饺

- **材料：**三文鱼肉、面粉各50克，鸡蛋1个，猪肉末15克，韭菜10克。
- **调料：**鸡汤、香油、酱油、盐、鸡精、料酒各少许。
- **做法·**

① 鱼肉剔净鱼刺，洗净，切碎，剁成细末。

② 在鱼肉中加入猪肉末、鸡汤搅成糊状，再调入盐、酱油、鸡精，继续搅拌均匀，最后加入切碎的韭菜、香油、料酒，拌匀、备用。

③ 面粉加鸡蛋和少许温水和匀，揉成面团，揪成小面剂，擀成小圆饺子皮，加入馅包成小饺子。

④ 锅置火上，烧开水，下入饺子，煮熟后捞出，待稍凉后即可食用。

烹饪小贴士

◎当三文鱼不适合生吃时，做成水饺不失为一种不错的选择。

五彩虾仁

- **材料：**虾仁250克，豌豆、胡萝卜、水发香菇丁各25克，鸡蛋1个，葱末、姜末各适量。
- **调料：**香油、料酒、淀粉、水淀粉、高汤、盐各适量。
- **做法·**

① 将虾仁洗净，放入碗中，加入盐拌匀，再加入蛋清、淀粉拌匀备用。胡萝卜丁、香菇丁入锅汆烫。

② 油锅烧热至四成热，下入虾仁滑散，捞出沥油。

③ 原锅留油，下入葱末、姜末炝锅，加高汤，下入原有材料，加入盐、料酒，用水淀粉勾芡，淋入香油，即可。

虾仁炒肉丝

· **材料**：海蜇皮250克，猪里脊肉100克，虾仁15克，青、红甜椒各50克。

· **调料**：盐、料酒、水淀粉、香油、高汤各适量。

· **做法** ·

1. 猪里脊肉洗净，切丝，用少许盐、料酒、鸡精腌渍好；海蜇皮洗净，切丝浸透；青甜椒、红甜椒分别洗净，切丝。

2. 锅内加水烧开，放入海蜇丝汆烫；烧锅下油，放入猪里脊丝炒熟。

3. 油锅烧热，下虾仁爆香，下海蜇丝、猪里脊丝和青、红甜椒丝，调入剩余的调料炒匀（香油、水淀粉除外），用水淀粉勾芡，淋上香油即成。

海带炒肉丝

· **材料**：猪肉50克，水发海带100克，葱末、姜末各适量。

· **调料**：酱油、盐、白糖、淀粉、水淀粉各适量。

· **做法** ·

1. 海带洗净，切成丝，放入沸水锅内煮至海带软烂，捞起沥水；猪肉洗净，切丝，加酱油、淀粉拌匀。

2. 把油锅烧热，爆香葱末、姜末，下肉丝煸炒2分钟，放海带丝，加少许水炒3分钟，加盐、白糖调味，用水淀粉勾芡即可。

🍴 **美食有话说**

◎ 海带富含谷氨酸，所以经常用于熬汤底提味，其口感爽脆，经过各种调味料调制更显鲜香。

西红柿玉米汤

- **材料：** 玉米粒 200 克，西红柿 2 个，香菜末少许。
- **调料：** 盐适量，奶油高汤 6 碗。
- **做法**

① 洗净锅，加适量水烧开，西红柿投入开水中略烫，捞出后去外皮，切丁备用。

② 把锅洗净，置于灶上点火，将奶油高汤倒入锅中，投入玉米粒、西红柿丁、盐，搅拌一下，煮 5 分钟，撒入香菜末即可。

玉米枸杞羹

- **材料：** 鲜玉米粒 200 克，枸杞子、青豆粒各适量。
- **调料：** 白糖适量。
- **做法**

① 鲜玉米粒、枸杞子、青豆粒用清水洗净。

② 锅内烧水，待水开后，投入玉米粒、枸杞子、青豆粒，用中火煮约 6 分钟。

③ 调入白糖稍煮片刻，盛入碗内即可。

绿豆芽炒海带

- **材料：** 水发海带丝 200 克，绿豆芽 100 克，葱、姜各适量。
- **调料：** 盐、醋各适量。
- **做法**

① 绿豆芽择洗干净，沥水；海带冲洗干净；将葱、姜洗净，切丝。

② 油锅加热，爆香葱丝、姜丝。

③ 再下入绿豆芽、海带丝翻炒至熟，加入盐、醋调味即可。

口蘑汆豆腐

- **材料**：豆腐 1 块，口蘑 100 克，香菜少许，葱汁、姜汁、蒜汁各 1 大匙。
- **调料**：盐、高汤各适量，料酒、鸡精各 1 大匙。
- **做法**
  1. 口蘑洗净切块，豆腐洗净切块后一起入开水中汆烫一下。
  2. 热锅加高汤，放入葱汁、姜汁、蒜汁，倒入料酒。把豆腐块、口蘑块放入锅中，10 分钟后再放入鸡精和盐，起锅盛出加少许香菜调味即可。

芦荟土豆粥

- **材料**：大米 150 克，芦荟 50 克，土豆 100 克，枸杞子数粒，白糖 1 大匙。
- **做法**
  1. 将大米淘洗干净，用水浸泡 30 分钟。
  2. 芦荟洗净，切 3 厘米见方的块；土豆去皮，切 2 厘米见方的块。
  3. 芦荟块、大米、土豆块同放锅内，加水适量，大火烧沸，再用小火煮 35 分钟，加入枸杞子、白糖搅匀即可。

芹菜山楂粥

- **材料**：芹菜 100 克，山楂 20 克，大米 100 克。
- **做法**
  1. 芹菜去叶洗净，切成小丁；山楂洗净切片，备用。
  2. 大米淘洗干净，加适量的水，煮开后转成小火熬至软烂。
  3. 放入芹菜丁、山楂片，再略煮 10 分钟左右即可。

鲜蔬总汇

- **材料**：西蓝花、西红柿、鲜蘑、香菇、黄瓜、胡萝卜、玉米笋、荸荠、莴笋、紫菜头各 40 克，姜片适量。
- **调料**：酱油、水淀粉各适量。
- **做法**
  ① 鲜蘑、香菇均去蒂，洗净，切片；黄瓜、胡萝卜、玉米笋均洗净，切成小段；西红柿去皮切菱形片；西蓝花掰成小朵洗净；荸荠、莴笋、紫菜头均削成球状，洗净备用。
  ② 将水煮沸，放入所有材料氽烫一下，沥水装盘。
  ③ 锅内倒油加热，将氽烫好的材料全部放入锅内翻炒，加酱油翻炒入味，用水淀粉勾芡即可。

清凉西瓜盅

- **材料**：小西瓜 1 个，菠萝肉 50 克，苹果 1 个，雪梨 1 个。
- **做法**
  ① 将菠萝肉切块；苹果、雪梨洗净，去皮、核，切块备用。
  ② 西瓜洗净，在离瓜蒂 1/6 的地方呈锯齿形削开。将西瓜肉取出，西瓜盅洗净备用。
  ③ 锅内放水煮沸，再加入全部水果块略煮，晾凉后倒入西瓜盅中，再放入冰箱冷藏，食用时取出即可。

烹饪小贴士

◎想享受西瓜的甜又不喜欢吐籽儿，可以做成西瓜汁来喝。夏天难得的清凉，微微成熟的喜悦，全在这一盅里。

腐乳鸡翅

- 材料：鸡翅8个，蛋清4个，香菜段适量。
- 调料：A：水淀粉小半碗；B：腐乳2块，腐乳汁1大匙，虾酱半大匙，五香粉、鸡精各1小匙，叉烧酱3大匙；C：柠檬汁、排骨酱油各适量。
- 做法·

① 蛋清加调料A调成稀浆；将调料B拌匀，放入鸡翅腌1小时，蘸裹蛋清稀浆备用。

② 油锅烧热，放入腌过的鸡翅炸至金黄色，捞出控净油，放入盘内，放香菜作为装饰，淋上调匀的调料C或蘸食即可。

美食有话说

◎滑嫩的鸡肉中浸透着香料的精华，简单易学，绝对令人爱不释"口"。

鸡丝炒蜇皮

- 材料：鸡胸肉250克，海蜇皮150克，香菜段50克，葱丝2小匙。
- 调料：A：盐、淀粉各适量；B：料酒1大匙，生抽半大匙，盐适量。
- 做法·

① 海蜇皮泡在清水中半天后，卷好、切成5厘米长的细丝，放入滚水中烫3～5秒捞出，再泡水约1小时；将鸡肉洗净，顺纹切成细丝后，用调料A拌匀，腌15分钟。

② 油锅烧热，放鸡丝炸至变白后盛出，备用。

③ 锅中留油烧热，倒入所有材料，倒入调料B，大火翻炒片刻即可。

烹饪小贴士

◎海蜇皮要提前5～6个小时泡好，若时间不够可先切成丝再泡并经常换水，无涩味即泡好了。

猪血虾仁豆腐汤

- **材料**：韭菜 30 克，猪血、豆腐各 75 克，虾仁 50 克，蟹肉 20 克，姜末少许。
- **调料**：盐、水淀粉适量。
- **做法**：

① 韭菜择净，洗净切段；猪血洗净切块，用开水汆烫后捞出，再用温水洗净；豆腐切块汆烫片刻后捞出；虾仁洗净，挑去肠线；蟹肉洗净后切末。

② 油锅烧热放姜末炒香，倒水与猪血块、豆腐块、虾仁、蟹肉末，大火煮开后转小火煮 5 分钟，加韭菜段、盐煮开后，用水淀粉勾芡即可。

美食有话说

◎这道汤鲜美滋润，食材丰富，有清爽的韭菜、香甜的虾仁、营养的猪血、嫩滑的豆腐，补血效果极佳。

蛋清鸡块

- **材料**：鸡肉 300 克，青甜椒 50 克，鸡蛋 4 个（蛋清），洋葱末 20 克，香菜末 10 克。
- **调料**：果汁 150 克，料酒、盐、酱油、水淀粉各适量。
- **做法**：

① 先将鸡肉洗净，切成小块放入盆中，用盐、酱油腌渍，再加入蛋清和水淀粉拌匀上浆。

② 油锅烧热，鸡块入油锅炸熟；青甜椒去蒂、去籽，洗净，切成菱形片。

③ 锅内加油烧热，放入洋葱末煸炒出香味时，倒入果汁，用水淀粉勾芡，倒入鸡块、青甜椒片，稍焖，出锅撒香菜末装盘即可。

美食有话说

◎以鸡块为主料的菜肴，制作简单，营养丰富，口感滑嫩。

烩炒蔬菜

- **材料**：西红柿 30 克，洋葱 20 克，青甜椒、茄子、小黄瓜各 15 克。
- **调料**：橄榄油 1 大匙，高汤少许。
- **做法**：
1. 西红柿用热水汆烫一下，去皮切丁；甜椒切丁。
2. 洋葱洗净；茄子去皮；小黄瓜去籽；再分别将三者切成和青甜椒大小相同的方丁。
3. 橄榄油下锅烧热，下洋葱丁炒香，接着放入茄丁、青甜椒丁、小黄瓜丁同炒片刻，加一点儿水，用大火烩炒至成熟，再加入西红柿丁翻匀，加高汤即成。

烹饪小贴士

◎烹调蔬菜的时候应该先洗后切，尽量用大火短时快炒，以减少蔬菜中水溶性维生素被高温破坏，尽量保存蔬菜中的营养成分。

海米炒苋菜

- **材料**：苋菜 150 克，海米 5 克。
- **调料**：盐适量，橄榄油适量。
- **做法**：
1. 苋菜洗净，切段，用开水汆一下，捞出沥干水分备用。
2. 海米洗净，备用。
3. 油锅内倒入橄榄油，置火上烧热，依次放入海米、盐、苋菜段，煸炒至熟软即可。

美食有话说

◎苋菜是一种既好吃又营养丰富的绿叶蔬菜，含有胡萝卜素、维生素 C、钾、膳食纤维等。

芋头烧西红柿

- **材料**：芋头 300 克，西红柿 1 个，小白菜 5 棵，蒜苗花适量。
- **调料**：盐、橄榄油各适量，高汤 1 大碗。
- **做法**
  1. 芋头洗净，切滚刀块，放沸水笼内蒸熟，取出。
  2. 西红柿洗净，切块；小白菜取心洗净。
  3. 油锅烧热，爆香蒜苗花，放入芋头、西红柿块、小白菜心翻炒，再倒入高汤，加入盐，用小火烧入味，大火收汁。淋上橄榄油即可。

椒丝炒藕片

- **材料**：鲜藕 400 克，青甜椒、红甜椒各 25 克，姜丝、蒜末各适量。
- **调料**：盐、鸡精、水淀粉、橄榄油各适量。
- **做法**
  1. 鲜藕洗净去皮切薄片；甜椒去籽洗净，切丝。
  2. 油锅烧热，下姜丝、蒜末爆香，放入藕片翻炒至断生，加入青红甜椒丝、盐、鸡精快速炒匀，用水淀粉勾芡，淋上橄榄油即可。

香芹腐皮

- **材料**：芹菜 300 克，油腐皮 100 克。
- **调料**：盐、水淀粉、橄榄油各适量。
- **做法**
  1. 芹菜择洗净，切小段备用；油腐皮洗干净，用温水泡软后切成条状。
  2. 油锅烧热，将芹菜段入锅翻炒片刻，再放入油腐皮炒匀。
  3. 最后加入盐及少许清水，烧开后用水淀粉勾芡，盛出前淋橄榄油即可。

果味牛腩

- **材料：**牛腩 500 克，胡萝卜 1 根，苹果、鲜橙、西红柿、土豆各 1 个，姜 2 片。
- **调料：**料酒 1 大匙，盐半大匙，水淀粉少许。
- **做法：**

1. 牛腩切丁，氽烫并除去血水后，冲净；胡萝卜、土豆、西红柿、苹果、鲜橙去皮切丁。
2. 锅置火上，注入适量水，加入处理好的牛腩丁、蔬果丁、料酒、姜片一同炖煮。中途需不时翻搅，直到牛腩熟烂。加入西红柿丁同烧，待所有蔬果软化时加盐调味。
3. 淋少许水淀粉勾芡，使汤汁呈黏稠状即可。

🍴 **美食有话说**

◎甜食给人带来好心情，几乎没有宝宝会拒绝。牛腩也能做成甜滋味，给它裹上浓浓的果蔬汤汁，光看看就要流口水了。

西红柿鱼糊

- **材料：**三文鱼肉 100 克，西红柿 80 克。
- **调料：**鸡汤少许。
- **做法：**

1. 将去净骨刺的鱼肉入锅煮熟，捞出后再除一次鱼刺，然后把鱼肉捣碎。
2. 西红柿洗净后用开水氽烫一下，剥去皮，细切成碎末。
3. 将鸡汤倒入锅里，加入鱼肉末煮片刻，再加入西红柿末，用小火煮成糊状，凉温后即可。

佳果炒虾球

- **材料**：虾 300 克，西瓜、梨、橙子、火龙果、黄瓜各 50 克，鸡蛋 1 个。
- **调料**：盐 1 小匙，鸡精半小匙，料酒、白糖各 1 大匙，水淀粉适量。
- **做法**·

① 虾去泥肠，洗净后加蛋清、盐、鸡精、料酒腌渍入味；西瓜去籽，与火龙果、黄瓜、梨、橙子均去皮切块。

② 油锅烧热，放虾球滑熟后捞出控油。

③ 锅内留余油，放入虾球爆炒，加白糖炒匀后用水淀粉勾薄芡，放入所有蔬果炒匀，即可。

🍴 **美食有话说**

◎虾球炸出的柔滑脆嫩和水果的甜蜜融为一体，色彩分明，卖相精致。

香蕉百合银耳汤

- **材料**：鲜百合 120 克，香蕉 2 根，银耳 25 克。
- **调料**：冰糖 2 大匙。
- **做法**·

① 鲜百合去黑根，洗净，掰成小瓣；香蕉去皮，切片备用。

② 将银耳放入清水中浸泡 2 小时，去蒂及杂质，洗净后撕成小朵，再放入碗中，加入适量清水，入蒸锅蒸约 30 分钟，取出，备用。

③ 将银耳、百合、香蕉片放入炖盅内，再加入冰糖及适量清水，放入蒸锅续蒸 30 分钟，即可取出食用。

鲜虾时蔬汤

- **材料**：鲜虾、圆白菜各 100 克，蒜末、姜末各少许。
- **调料**：高汤、黄油、番茄酱、料酒、盐、鸡精各适量。
- **做法**
  1. 鲜虾去泥肠后洗净备用；圆白菜洗净，切块备用。
  2. 锅内放黄油预热，放入蒜末、姜末、番茄酱炒香，再放入鲜虾、圆白菜同炒。
  3. 烹入料酒，加入高汤，放入盐、鸡精煮至入味即可。

大米虾仁粥

- **材料**：虾 500 克，大米 100 克。
- **调料**：盐 1 小匙。
- **做法**
  1. 虾用沸水余烫一下，去壳取肉；大米洗净，用清水浸泡 30 分钟。
  2. 将大米煮成粥，加入虾仁、盐拌匀即可。

猕猴桃拌海带丝

- **材料**：猕猴桃 3 个，海带 60 克。
- **调料**：生抽、白糖、鸡精各适量。
- **做法**
  1. 海带洗净，切成丝，用沸水煮熟，用冷水冲一下；猕猴桃去皮，切成长段。
  2. 海带和猕猴桃放入盘中，加入生抽、白糖、鸡精，搅拌均匀即可。

枸杞鲫鱼菠菜汤

- **材料：**净鲫鱼 1 条（约 300 克），菠菜 70 克，枸杞子 5 克，嫩姜丝适量。
- **调料：**盐、料酒、花椒粉、植物油各适量。
- **做法：**
  ① 鲫鱼洗净，控水；菠菜择洗干净，切成 4 厘米的小段，入沸水中汆烫，捞出；枸杞子洗净，泡软。
  ② 油锅烧至七成热，将鲫鱼两面煎成淡黄色，加开水、料酒、姜丝、花椒粉，烧开后，撇去浮沫，再淋少许植物油，烧至汤汁乳白，投入菠菜段、枸杞子，烧约 3 分钟，用盐调味即成。

橘味海带丝

- **材料：**干海带、新鲜大白菜各 150 克，干橘皮 50 克，香菜段少许。
- **调料：**白糖、醋、香油各少许。
- **做法：**
  ① 将干海带放在锅里煮 20 分钟左右，捞出备用。
  ② 把海带和大白菜切成细细的短丝（不要过长）放在盘里，加上白糖、香油，撒上香菜段。
  ③ 干橘皮用水泡软，捞出后剁成碎末，放入碗里加醋搅拌，把橘皮液倒入盘中拌匀后即可食用。

美食有话说

◎这是一道开胃且有营养的菜肴，可以补充维生素 C、膳食纤维和多种矿物质元素，同时又低脂低能量。

芙蓉藕丝羹

- **材料:** 鲜藕300克, 鸡蛋2个, 牛奶25克, 青梅干、莲子、菠萝各适量。
- **调料:** 白糖、水淀粉、鲜汤各适量。
- **做法:**

① 将鲜藕刮皮洗净, 切细丝入沸水烫一下捞出。

② 青梅干、莲子、菠萝分别切小丁。

③ 鸡蛋取蛋清放入碗中, 加入白糖、鲜汤搅散, 倒入汤碗, 放笼上蒸约3分钟, 制成芙蓉蛋。

④ 炒锅上大火, 加入牛奶、藕丝、剩余鲜汤、剩余白糖, 至水沸后撇去浮沫, 用水淀粉勾稀芡, 然后撒入青梅丁、莲子丁、菠萝丁, 起锅倒入有蛋清的汤碗中即成。

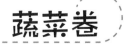烹饪小贴士

◎莲藕清淡爽口, 切成丝, 再加入青梅、菠萝等材料一起炒食, 味道酸爽, 更为开胃。

蔬菜卷

- **材料:** 生菜叶8片, 四季豆4根, 金针菇1小把, 玉米笋8条, 韭菜8根。
- **调料:** 海苔粉10克, 柴鱼粉5克, 日式和风酱30克。
- **做法:**

① 生菜洗净, 晾干备用。

② 四季豆、金针菇及玉米笋洗净, 切成4~5厘米的小段, 烫熟。

③ 韭菜洗净烫熟, 作为系绳。

④ 生菜摊平, 将做法2中的材料排列于叶片上, 撒上海苔粉及柴鱼粉, 淋上和风酱, 将生菜叶卷起, 以韭菜扎紧即成。

美食有话说

◎这是一道纯素菜, 但品种多样, 有叶子菜、鲜豆类、食用菌和玉米笋。而且制作简单快速, 非常适合工作忙碌、快节奏的家庭。

菠菜炒鸡蛋

- **材料**：菠菜 100 克，鸡蛋 1 个。
- **调料**：水淀粉、盐各适量。
- **做法**：

1. 菠菜洗净汆烫，切小段；蛋打散，加入水淀粉和盐调匀。
2. 油锅烧热，下入蛋液炒成块状蛋花，盛出备用。
3. 另起油锅烧热，下入菠菜快炒，并加盐调味，然后倒入炒好的蛋同炒，淋入水淀粉，炒匀即可盛出。

萝卜黑木耳炒韭菜

- **材料**：韭菜 50 克，白萝卜 30 克，水发黑木耳 10 克。
- **调料**：盐、酱油、香油各适量。
- **做法**：

1. 韭菜择净，切段；白萝卜、水发黑木耳洗净，均切丝备用。
2. 油锅烧热，放入白萝卜丝煸炒至八分熟，然后放入黑木耳、韭菜段翻炒。
3. 调入酱油、盐翻炒至成熟，淋上香油，装盘即可。

农家小·炒

- **材料**：韭菜、鲫鱼肉、玉米饼各 50 克。
- **调料**：盐、料酒各适量。
- **做法**：

1. 韭菜洗净，切段，沥干；鱼肉洗净，先切段，再切长条，用盐、料酒腌 10 分钟。
2. 鱼肉条炸至全熟捞出沥油；玉米饼切长条（粗细与鱼条近似），炸至金黄色、酥脆，捞出沥油。
3. 另起油锅烧热，将玉米饼、鱼条入锅翻炒，加盐调味，再加韭菜段炒软，立刻关火即成。

橙壳粉蒸鸡

- **材料**：带叶橙子2个，鸡肉200克，蒸肉米粉1袋，红薯半个，蒜2瓣，姜1块。
- **调料**：高汤1大碗，料酒、香油各1大匙，酱油、盐、白糖各适量。
- **做法**
1. 橙子切1/3做盖，挖出橙肉。红薯去皮切块，加盐、蒸肉米粉放橙壳内。
2. 鸡肉切大块，加盐调味。鸡块放在红薯上，整个橙子上蒸笼蒸熟，撒葱末、淋上热香油即可。

鸡丝椒香炒魔芋

- **材料**：鸡脯肉、魔芋丝各200克，青甜椒半个，姜末、葱末、蒜片各适量。
- **调料**：盐、料酒、酱油、水淀粉各适量。
- **做法**
1. 鸡肉洗净切丝加水淀粉抓匀；甜椒洗净切丝。
2. 油锅烧热，下姜末炒香，放入鸡丝煸炒，变色后加适量料酒、酱油，炒匀后盛出。
3. 另起油锅烧热，放葱蒜煸出香味，下魔芋丝、盐翻炒，再放甜椒、炒好的鸡丝炒匀即可。

丝瓜炒鸡丁

- **材料**：鸡肉50克，青甜椒适量，丝瓜100克。
- **调料**：蒜末、橄榄油各半小匙，盐少许。
- **做法**
1. 将鸡肉切丁，以少许盐腌渍翻搅约3分钟。丝瓜削皮切成斜角小块备用。甜椒去籽，切块。
2. 热锅，加入橄榄油，爆香蒜末，放入鸡丁炒约五分熟后加入丝瓜块，略炒后焖锅约2分钟，最后放入青甜椒块和少许盐再略微翻炒即可。

炒三丁

- **材料**：蛋黄、豆腐、黄瓜、葱末各适量。
- **调料**：植物油、盐、水淀粉各少许。
- **做法**：
  1. 将蛋黄放入碗内调匀，倒入抹匀油的方盘内，上屉蒸 4 分钟，取出切成小丁。
  2. 豆腐、黄瓜洗净，切成丁，备用。
  3. 把植物油烧热，用葱末炝锅，放入蛋黄丁、豆腐丁、黄瓜丁，加适量水及盐，烧透入味，用水淀粉勾芡即可。

丝瓜豆腐开胃汤

- **材料**：丝瓜 320 克，豆腐 200 克。
- **调料**：盐适量。
- **做法**：
  1. 丝瓜去外皮，洗净，斜切成厚块；豆腐洗净，切厚片。
  2. 油锅烧热，放入丝瓜块爆炒一会儿，然后加适量清水烧开，将豆腐片放入锅，滚沸。
  3. 加盐调味便可。

香葱鸡肉煲

- **材料**：鸡腿肉 30 克，胡萝卜、白萝卜各 15 克，葱段 10 克，鸡蛋 1 个，米饭半碗。
- **调料**：酱油、料酒各适量。
- **做法**：
  1. 胡萝卜、白萝卜分别洗净，切成小块，备用；鸡腿肉洗净，切成小丁后用料酒及葱段略腌。
  2. 胡萝卜块、白萝卜块和鸡腿肉丁加热开水及酱油，以强微波加热 5 分钟。
  3. 取出放在饭上淋上蛋液后加热 3 分钟即可。

121

PART 3
第三章

长高所需营养成分及增高食材，吃出孩子高个子

科学的饮食是孩子长身高的重要保证，如果孩子身高不达标，可以通过科学的饮食来调理。生活中有许多食物对孩子们长高有帮助，我们该如何选择呢?

蛋白质，身体发育的支柱营养

蛋白质是生命的基础，骨细胞的增生和肌肉、脏器的发育都离不开蛋白质。人体生长发育越快，则越需要补充蛋白质。鱼、虾、瘦肉、禽蛋、花生、豆制品中都富含优质蛋白质，应注意多补充。

补充营养小窍门

膳食补充蛋白质更科学 ♥

动物性食物蛋白质含量高、质量好，含有丰富的优质蛋白质，另外，有些植物性食物也含有丰富的蛋白质。常吃这类食物有助于为孩子补充蛋白质。

讲究方法顺利食补 ♥

孩子到了周岁后吃得越来越多，也会越来越挑剔食物。这时候，妈妈可换着花样，为孩子做出含有充足的蛋白质的菜肴。

◎ 肉蛋奶都可以为宝宝提供优质蛋白，所以尽量让宝宝能够摄入更多种类的食物，不要只选择某一种。例如每天给宝宝喝 500 ~ 600 毫升的牛奶，吃 1/2 ~ 1 个鸡蛋、再吃些肉和鱼虾等，让宝宝的蛋白质来源更加丰富。

◎ 制作蛋白质类食物时也可以采用多种烹调方法，如炖鸡、蒸鱼、炒肉丝、炒虾仁、蒸鸡蛋羹、煮鸡蛋等。

小宝宝的妈妈喜欢用米粉为她烹调辅食，看她吃得多香啊！

这些食物含蛋白质

动物性蛋白质来源 ♥

牛奶、奶酪、禽蛋、猪牛羊瘦肉、鱼肉等。

植物性蛋白质来源 ♥

谷类，如大米、白面、玉米面、小米等；豆类，如黄豆、豆制品、红豆、绿豆等；坚果类，如花生、核桃、杏仁等。

孩子缺蛋白质有什么表现？

◎ 生长发育缓慢　　◎ 大脑变得迟钝
◎ 活动明显减少　　◎ 精神倦怠
◎ 抵抗力下降　　　◎ 偏食、厌食
◎ 消化不良　　　　◎ 伤口不易愈合
◎ 贫血　　　　　　◎ 身体水肿

营养师提示

补充蛋白质的禁忌

◎ 忌一次给孩子食用大量高蛋白食物。由于孩子的肝、肾功能较弱，不能消化吸收一次性摄入的大量高蛋白质食物，否则会造成消化不良性腹泻，也会增加孩子的肝肾代谢负担。

◎ 不可偏重补充蛋白质。蛋白质虽好，但是还需要有碳水化合物、脂肪、维生素，多者搭配才能促进蛋白质的吸收，使得孩子营养充足。

彩豆饮

· **材料**：绿豆、红豆、黑豆各 50 克。
· **做法**·
① 绿豆、红豆和黑豆先后加入适量水煮烂。
② 把汤水倒出来即可。

🍳 **烹饪小贴士**

◎ 1 岁以内的宝宝建议不要加糖，大些的宝宝也要少加糖或不加糖，避免让宝宝养成嗜糖的不良口味。待放凉后饮用，味道香甜可口，可随时给宝宝喝上一些。

◎ 红豆、绿豆、黑豆煮烂的时间不同，因此在煮之前最好用水浸泡一晚，这样就容易煮烂。

肉汤蛋黄羹

· **材料**：蛋黄 1 个。
· **调料**：肉汤适量。
· **做法**·
① 鸡蛋敲破，放入碗中，滤取出蛋黄，打散。
② 蛋黄放入锅内，加入肉汤，边煮边搅拌，煮熟即可。

🍳 **美食有话说**

◎ 鸡蛋黄中含有大量的蛋白质和氨基酸卵磷脂，有补脑益智的作用，还可以促进食欲。

牛奶蔬菜粥

· **材料**: 西蓝花、菜花、胡萝卜、红薯粉各适量，配方奶粉 1 大匙。

· **做法** ·

1. 西蓝花、菜花、胡萝卜洗净，汆烫，捣碎，与适量水一同放入锅里煮熟。

2. 加入配方奶粉煮 1 分钟后加入红薯粉，搅拌成糊状即可。

烹饪小贴士

◎奶粉在锅中容易结块或粘锅，要边加入边不停搅拌。

苹果汁拌鸡肉

· **材料**: 鸡肉适量，浓缩的苹果汁 1 大匙。

· **做法** ·

1. 肉洗净，放入锅中加水煮熟。

2. 将蒸熟的鸡肉捣碎。

3. 将碎鸡肉、苹果汁一同放入碗中搅拌均匀即可。

美食有话说

◎鸡肉中含有动物蛋白，在苹果汁中拌入鸡肉，既为宝宝补充了蛋白质，又补充了维生素。

胡萝卜牛奶饮

· **材料：**胡萝卜 50 克，配方奶 200 毫升。

· **做法·**

① 胡萝卜洗净后放入锅中水煮或蒸熟，然后取出压烂。

② 配方奶加入胡萝卜泥中，调匀喝下。

 美食有话说

◎这道胡萝卜牛奶饮可以提供宝宝所需的蛋白质，增强宝宝的抵抗力。

◎最好选择鲜牛奶。

丝瓜瘦肉粥

· **材料：**丝瓜丁 50 克，瘦肉末 40 克，大米 30 克，肉汤少许。

· **做法·**

① 将大米洗净，熬煮成稀粥。

② 将瘦肉、丝瓜放入稀粥中，继续煮 20 分钟。

③ 加入肉汤后稍煮片刻即可。

美食有话说

◎丝瓜也可以用其他蔬菜替代，如各种绿叶菜、黄瓜、菜花等。

◎不要买大肚瓜，这样的瓜籽太多。

127

土豆泥鲔鱼酱

- 材料：土豆 40 克，无盐鲔鱼 2 大匙。
- 调料：海苔粉少许。
- 做法·

① 土豆洗净，放入滚水中焖煮至熟透，捞出去皮，放入小碗中压成泥状。

② 将鲔鱼肉加入土豆泥中拌匀，撒上海苔粉即可。

鲜香豆腐脑

- 材料：鸡肉 10 克，鲜香菇 2 朵，豆腐脑 50 克，熟蛋黄半个，香菜末适量。
- 做法·

① 将熟蛋黄捣碎；鲜香菇洗净，切碎；鸡肉洗净，剁碎。

② 锅内放高汤烧沸，加入鸡肉碎和香菇末，大火煮沸后，转成小火。

③ 慢慢滑入豆腐脑和蛋黄碎，略煮即关火盛出。

豆腐丸子烩青菜

- 材料：豆腐泥 3 大匙，胡萝卜泥、菠菜泥各 1 大匙。
- 调料：清高汤 1 杯，水淀粉 1 大匙。
- 做法·

① 豆腐泥用纱布袋挤干水分，与水淀粉拌匀，做成三个小圆球，加入清高汤中煮熟，取出置于盘中。

② 胡萝卜泥和菠菜泥用清高汤煮软，用水淀粉勾薄芡，淋在豆腐丸子上即可。

豆腐蛋黄泥

· **材料**：嫩豆腐 20 克，水煮蛋黄 1/3 个。
· **调料**：海苔粉 1/8 小匙。
· **做法**·

① 嫩豆腐洗净，放沸水中煮片刻取出，压成泥状。
② 蛋黄磨成泥状，放在豆腐泥上，撒上少许海苔粉增加香味。

豆腐泥

· **材料**：嫩豆腐 1/6 块，鸡蛋半个，胡萝卜少许，扁豆半根。
· **调料**：高汤半杯。
· **做法**·

① 将去皮的胡萝卜与扁豆分别烫过后切成极小的丁；嫩豆腐捣碎。
② 高汤与胡萝卜丁、扁豆丁一同放入锅里，再加入捣碎的嫩豆腐。
③ 煮至汤汁变少，淋入半个打散的鸡蛋即可。

青椒五花肉

· **材料**：五花肉 1 小块，青椒 4 ~ 5 个。
· **调料**：香油、盐各少许。
· **做法**·

① 五花肉切片；青椒去籽，切片。
② 锅内放几滴油，把五花肉片倒入锅内，用小火慢慢煎出油脂，边煎边撒少许盐。
③ 待五花肉片煎至两面金黄、肉身变硬时放入青椒片翻炒入味，淋香油即可。

豆腐煮鸭血

- **材料**：豆腐 400 克，鸭血 200 克，葱花、水发黑木耳、胡萝卜各适量。
- **调料**：盐、香油、水淀粉各适量。
- **做法**：
  1. 豆腐、鸭血、黑木耳、胡萝卜均洗净、切丝。
  2. 锅内放适量水烧开，放入豆腐丝、鸭血丝；豆腐丝、鸭血丝浮起时，放黑木耳丝和胡萝卜丝煮熟煮烂；起锅时勾芡，加盐，淋香油，撒上葱花即成。

鲫鱼萝卜汤

- **材料**：鲫鱼 300 克，白萝卜 200 克，葱、姜各少许。
- **调料**：盐半小匙，料酒少许。
- **做法**：
  1. 鲫鱼洗净，去除内脏；白萝卜去皮切丝。
  2. 起锅热油，放入鲫鱼煎出香味。
  3. 鲫鱼煎好后，加适量清水，放入萝卜丝和姜片，炖 1 小时，再加入料酒、盐调味，最后撒上葱花即可出锅。

肉炒茄丝

- **材料**：猪瘦肉 100 克，茄子 200 克，葱末、姜末各适量。
- **调料**：酱油、盐各适量。
- **做法**：
  1. 茄子去皮切成细丝；猪瘦肉洗净，切丝。
  2. 锅置火上，放适量油烧热，下入葱末、姜末爆香，放入肉丝煸炒至变色，盛出备用。
  3. 锅中留余油，烧热，倒入茄丝煸炒片刻后，放肉丝继续炒，再加入调料，炒匀即可。

肉末芹菜

- **材料**：猪肉 100 克，芹菜 200 克，葱、姜各适量。
- **调料**：酱油、盐、料酒各适量。
- **做法**·

① 猪肉洗净，切成末；芹菜洗净，切碎；葱、姜分别洗净，切成末。

② 锅内倒油烧热，下葱末、姜末爆香，再放入肉末，煸炒至变色，加入酱油、盐、料酒略炒，再放入碎芹菜翻炒 3 分钟即可。

烹饪小贴士

◎ 在做这道菜的时候要注意，先将芹菜氽烫一下，以软化其所含的膳食纤维。在选择芹菜的时候最好选择比较嫩的部位，这样有利于宝宝消化。

知识链接

红薯的处理方法

红薯是 1 岁以上宝宝很好的辅食，处理时可以参照以下步骤。

[**处理方法**]

1. 将红薯洗净，用削皮器削去红薯的皮（图①）。
2. 将红薯切成小块（图②）。
3. 将切好的红薯放入蒸锅中蒸熟（图③）。
4. 取出红薯，用汤匙将红薯压成泥状（图④）。

①削皮

②切块　　③放入蒸锅　　④压成泥

补足能量，身体才能更快长高

虽然很多人把碳水化合物视为洪水猛兽，可是对孩子来说，所有的生长发育都需要碳水化合物提供充分的能量。所以想要孩子长得高，帮孩子选择好的碳水化合物就显得特别重要。所谓"好的碳水化合物"指的就是全谷类，包括糙米、全麦面包都是对孩子有益的碳水化合物。

补充营养小窍门

不要只吃白米白面，适量选择粗杂粮 💚

谷类是给孩子提供碳水化合物的"主力军"。谷类食物有很多种，如大米、白面、小米、玉米、荞麦、燕麦等，可以给孩子多变换花样，各种细粮和粗粮搭配食用。此外，薯类和杂豆类也是碳水化合物的良好来源，如白薯、芋头、山花、土豆、红小豆、绿豆、豌豆、芸豆、鹰嘴豆等。

制作方法多种多样 💚

妈妈可以变换花样来为孩子制作碳水化合物的食物，如馒头、米饭、米粥、豆粥、肉粥、汤面、馄饨、饺子、豆沙包、蒸红薯、南瓜饼、芋头羹、土豆泥等。

规律饮食、少食多餐 💚

人体内的碳水化合物主要从谷薯类中摄取，所以，家长不要纵容孩子只吃菜不吃饭，要坚持让孩子吃主食。

孩子每天的正餐是 2 ~ 3 次，点心 1 ~ 2 次，并保证摄入牛奶 400 ~ 600 毫升。此外，家长可以适当给予孩子一些健康的小零食，为孩子补充足量的碳水化合物。

大量运动后及时补充碳水化合物 💚

不管什么样的运动，都会消耗体内的能量。而碳水化合物是人体能量的主要来源，在孩子大量活动后，为他们准备一些含丰富碳水化合物的食物或鲜榨果汁，可以有效补充能量。

这些食物含碳水化合物

小麦、黑麦、大麦、全谷面包、糙米、薯芋类蔬菜、水果。

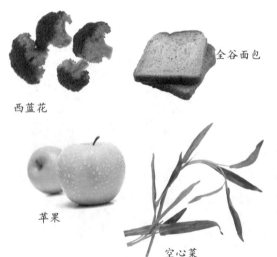

全谷面包

西蓝花

苹果

空心菜

🍃 **孩子缺碳水化合物有什么表现？**

◎ 全身无力　　◎ 精神不振
◎ 体温下降　　◎ 生长发育迟缓
◎ 体重减轻　　◎ 可能伴有便秘的症状

红薯苹果泥

- **材料：**红薯、苹果各 50 克。
- **做法·**

① 红薯洗净，去皮，切碎；苹果洗净，去皮、核，切碎。

② 锅内加入适量水煮沸，放入红薯末和苹果末煮软，捞出拌匀即可。

美食有话说

◎红薯含有丰富的碳水化合物，可以用来作为孩子的主食之一。此外，红薯中还含有较多的可溶性膳食纤维、胡萝卜素等对健康有益的成分，且口味甘甜细腻，十分适合给孩子制作食物。

西红柿土豆羹

- **材料：**西红柿、土豆各 1 个，肉末 20 克。
- **做法·**

① 西红柿洗净，去皮，切碎；土豆洗净，煮熟，去皮，压成泥。

② 将西红柿碎、土豆泥与肉末一起搅匀，上锅蒸熟即可。

烹饪小贴士

◎有的宝宝不喜欢吃单调的西红柿，妈妈可以把它切成片或小丁，与土豆泥、肉末做成混合羹，能减淡西红柿的酸味，而且营养会更丰富。

栗子菜粥

· **材料**：栗子、小白菜各 1 小匙，米粥 3 大匙。
· **做法** ·

① 栗子、小白菜分别放入锅中煮熟，捞出，捣烂。

② 将米粥捣烂后，盛入容器里。

③ 将煮过并捣烂的栗子、小白菜放入粥里拌匀即可。

美食有话说

◎栗子的主要成分是碳水化合物。栗子与菜粥一起烹调，营养成分更丰富，能为宝宝提供均衡的营养，使宝宝长得更强壮。

乡村土豆泥

· **材料**：土豆 300 克，猪肉馅 50 克，葱花、姜末各适量。
· **调料**：高汤适量。
· **做法** ·

① 土豆洗净去皮，入蒸锅蒸熟，取出趁热碾成泥。

② 油锅烧热，煸香葱、姜，加入肉馅同炒。

③ 肉馅加入高汤调成汁，浇在土豆泥上即可。

烹饪小贴士

◎土豆泥有很多做法，这种几乎算得上是最简单的了。

134

核桃豌豆泥

· **材料**：鲜豌豆 100 克，熟核桃仁 20 克，葡萄干 15 克。

· **调料**：水淀粉适量。

· **做法** ·

1 豌豆洗净，放在热水里用大火煮熟，捞出研磨成泥。

2 锅中加适量清水，下豌豆泥，煮开后用水淀粉勾芡，再煮 2 分钟至豌豆泥成糊状，盛碗备用。

3 核桃仁用开水余烫一下，去外膜捣碎；葡萄干切碎末。

4 把核桃泥、葡萄干末撒在豌豆泥上拌匀即可。

烹饪小贴士

◎在处理葡萄干的时候要用水多泡一会儿，多换几次水，把杂质去净。

蔬果薯蓉

· **材料**：土豆、胡萝卜、香蕉各 30 克，木瓜、苹果、梨各 1 片，牛油适量。

· **做法** ·

1 土豆、胡萝卜分别去皮，洗净，切成薄片，放入锅中，倒入清水后用小火煮至软烂。

2 土豆片取出沥干水分后，压成泥，再加入牛油拌匀。

3 将胡萝卜、香蕉、木瓜分别压成泥；苹果、梨用小匙刮出果肉，压成泥。

4 将处理好的胡萝卜、香蕉、木瓜、苹果、梨和土豆泥混合搅匀即可。

美食有话说

◎婴幼儿很容易缺乏维生素，妈妈常喂宝宝一些混合果蔬泥，可以补充各种维生素，预防宝宝出现营养缺乏的症状。

花生奶露

· **材料**：花生酱 4 大匙，鲜奶 2 杯，玉米粉 4 大匙。
· **调料**：白糖适量。
· **做法** ·

① 花生酱放入锅内，慢慢加入鲜奶调匀使其溶解，再移至炉火上小火烧开。

② 加白糖调味，另将玉米粉加水半杯溶解后勾芡至稠状，熄火盛出即可。

红薯拌胡萝卜

· **材料**：红薯 1/4 条，胡萝卜 1/8 根，黑芝麻 1 大匙。
· **调料**：白糖 1 小匙，酱油少许。
· **做法** ·

① 红薯、胡萝卜均去皮，切成细条，放入锅中加适量水煮熟。

② 将黑芝麻放入研钵内仔细研磨，当磨出油液时加入白糖及酱油混合调味。

③ 将煮好的红薯和胡萝卜加入做法 2 的材料中混合均匀，装盘即可。

生姜山楂粥

· **材料**：山楂、姜各 10 克，大米 100 克，蒜 20 克。
· **做法** ·

① 将姜洗净，切丝；山楂洗净；蒜去皮，切薄片。

② 大米用清水反复淘洗干净，除去泥沙及杂质，备用。

③ 将大米、蒜片、山楂、姜丝一起放入锅内。

④ 加水适量，置大火上烧沸，再用小火煮 35 分钟至米烂粥稠即成。

紫米粥

- **材料**：紫米、芸豆、葡萄干各适量。
- **做法**·
① 紫米、芸豆分别洗干净，一起放入锅内，加适量水煮熟。
② 在粥上面撒上葡萄干，以增进宝宝的食欲。

红薯扣肉骨

- **材料**：红薯 200 克，排骨 300 克，香菇 1 朵，葱段、姜片各适量。
- **调料**：海鲜酱、生抽、老抽、白糖、料酒各适量。
- **做法**·
① 红薯切块；香菇去蒂；排骨剁成 3 厘米的段，用葱姜和所有调料腌渍入味后，捡出葱姜。
② 香菇铺在大碗底部，排骨贴着碗边围一圈，红薯放中间，将做法 1 的调味汁倒入，微波炉加热 20 分钟倒出汤汁扣入盘，再淋上汤汁即可。

栗子稀饭

- **材料**：栗子 100 克，大米适量。
- **做法**·
① 栗子去壳，去皮；大米淘洗干净，用清水泡 10 分钟。
② 栗子与大米一起熬成稀饭即可食用。

胡萝卜烂米粥

· **材料**：胡萝卜、红薯各半根，大米适量。
· **做法** ·

① 胡萝卜、红薯去掉根部、顶部，然后用清水清洗干净。

② 把洗净的胡萝卜、红薯分别切成块，放到笼屉上蒸至烂熟，捣烂成泥。

③ 将大米淘洗干净，用小火一直煮至烂熟。

④ 往熟粥里加入胡萝卜泥、红薯泥，搅匀后再稍微煮一煮，出锅即可喂食。

黄花菜炒香菇

· **材料**：干黄花菜 100 克，香菇 3 朵，胡萝卜 1 小段，姜丝少许。
· **调料**：盐、香油各适量。
· **做法** ·

① 干黄花菜洗净、余烫，捞出放入清水中浸泡；香菇泡软洗净，切丝；胡萝卜洗净切丝。

② 锅中放油烧热，爆香姜丝，加入香菇丝炒香，放入胡萝卜丝和黄花菜，大火翻炒，见黄花菜熟软，加盐调味，出锅前滴香油即可。

香浓鸡汤大米粥

· **材料**：老母鸡 1 只，大米 100 克，葱、姜各少许。
· **调料**：盐少许。
· **做法** ·

① 鸡去毛及内脏，切碎，煮烂取汁；大米淘洗干净，备用。

② 取适量汤汁与大米一同放入锅中，再加入葱、姜、盐煮熟即可。

红薯排

- **材料**：红薯 300 克，面粉 200 克，鸡蛋 2 个，葱末适量。
- **调料**：奶油 100 毫升，白糖、料酒各 2 大匙，冰糖末适量。
- **做法**
1. 红薯煮熟，去皮，打成浆，用漏斗过滤；白糖、奶油、鸡蛋、料酒调匀，再加红薯浆调匀；面粉加水调和均匀，擀成面皮，放入盘中。
2. 将调好的红薯浆铺在面皮上，再把面切条，摆棋子样，放炉烘烧，至熟取出，撒上一层冰糖末即可食用。

美食有话说

◎红薯可以直接蒸食，也可以制作成各式菜肴，以适合不同年龄段和不同口味的孩子。如红薯泥、红薯饼、拔丝红薯、炸红薯片/条等。

黑木耳豆干炒肉片

- **材料**：豆干 100 克，猪肉 200 克，水发黑木耳、甜椒片、葱丝各适量，姜末半大匙。
- **调料**：料酒 1 大匙，盐少许，鸡精适量，酱油半大匙，香油 1 小匙。
- **做法**
1. 猪肉洗净，切成片；豆干切成片；水发黑木耳洗净去蒂，撕成小片。
2. 油锅烧热，放入葱丝、姜末炒香，放入肉片煸炒至变白，烹入料酒，加少许水及黑木耳、豆干翻炒，加甜椒片、盐、鸡精、酱油炒匀，淋上香油即可。

美食有话说

◎豆腐干营养丰富，含有大量蛋白质和钙、磷、铁等多种人体所需的矿物质。常食能补充钙质，促进骨骼发育，对宝宝骨骼生长极为有利。

钙与维生素 D 同补，身体快快长

　　人体的长高，取决于骨骼的生长发育，其中下肢长骨的增长与身高最为密切。也就是说，只有长骨中骺软骨细胞不断生长，人体才会长高。钙是骨骼的主要成分，所以，要多给孩子吃牛奶、虾皮、豆制品、排骨、海带、紫菜等含钙丰富的食物。

补充营养小窍门

通过饮食补钙 ♥
◎ 喝配方奶的宝宝，饮用量应控制在700 ~ 800 毫升，这时候钙的摄入量可以满足宝宝的需求。

◎ 5 个月以上的宝宝可以吃含钙丰富的辅食进行补充。

多晒太阳补充维生素 D ♥
　　阳光中的紫外线照到人体时，穿透皮肤表面，作用于皮下的 7- 脱氢胆固醇，使它变成维生素 D_3。但是由于紫外线穿透力较弱，隔着衣服、玻璃晒太阳这种作用就会减弱。所以平时应该经常打开窗户或者到户外让孩子晒太阳。需要注意的是，要选择适合的时间段，控制晒太阳的时间，在避风的地方晒太阳。

小宝宝常通过晒太阳的方式补充维生素 D，看他长得多健康呀！

孩子缺钙与维生素 D 有什么表现？

◎ 牙齿松动
◎ 肌肉麻木、刺痛和痉挛
◎ 近视或视力减退
◎ 易患小儿佝偻病，如鸡胸、O 型腿、X 型腿等

这些食物含钙与维生素 D

含钙的食物 ♥
　　海参、芝麻酱、蚕豆、虾皮、干酪、小麦、牛奶、酸奶、燕麦片、豆制品、酸枣、紫菜、芹菜、杏仁、鱼子酱、干无花果、绿叶蔬菜等食物都含有较多的钙。

　　食物中大都含有不同量的钙，而鲜奶及奶制品中所含的钙吸收率是最高的。

杏仁

含维生素 D 的食物 ♥
　　牛肝、猪肝、鸡肝、鲑鱼、沙丁鱼、小鱼干、鱼油、鱼卵、蛋、乳制品等。

　　维生素 D 的食物来源并不多，鱼肝油中的含量最丰富，全脂奶和全脂乳制品中含有少量，而谷类和蔬菜几乎不含维生素 D。

小鱼干

草莓奶昔

· **材料**：草莓 150 克，配方奶 1 杯。
· **做法** ·

① 草莓洗净，擦干水分，去蒂，切成小块。
② 将切好的草莓放入果汁机内，加入配方奶搅打均匀即可。

🥄 美食有话说

◎草莓的营养成分易被人体消化吸收，可常给孩子吃一些。配方奶含有丰富的钙质，可促进孩子骨骼与牙齿的发育，并能增强抵抗力。这道草莓奶昔甜美可口，很受孩子们欢迎。

虾粥

· **材料**：青菜（菠菜、油菜均可）1 棵，大米 1 大匙，虾 1 只。
· **做法** ·

① 大米淘洗干净，与水以 1:10 的比例放入锅中煮成粥，粥熟后取 3 大匙用研钵捣烂，盛入碗中。
② 虾去头、去皮，挑除背上的泥肠，放入锅中煮熟，捞出，研磨成泥状，备用。
③ 青菜洗净，放入锅中汆烫，捞出，研磨成泥状并用细滤网滤取青菜汁。
④ 虾泥、青菜汁一同加入大米粥中拌匀即可。

🥄 烹饪小贴士

◎海鲜粥也是妈妈们喜欢给宝宝制作的一类粥。除了虾之外，还有很多水产品可以用来为宝宝制作海鲜粥，如鱼肉粥、蛤蜊粥等。注意千万不能给宝宝吃没煮透的海鲜，如果宝宝有食物蛋白过敏，吃海鲜粥时应该加以注意。

牛奶大米粥

- **材料**：鲜牛奶 250 克，大米 20 克。
- **调料**：白糖少许。
- **做法**：
1. 将大米淘洗干净，放入锅中加水煮至五成熟，去掉米汤。
2. 再加入鲜牛奶，小火煮至粥熟烂，加入白糖搅拌，待白糖充分溶解即可。

鹌鹑蛋奶

- **材料**：鹌鹑蛋 3 ~ 5 个，牛奶适量。
- **调料**：白糖适量。
- **做法**：
1. 鹌鹑蛋去壳，加入奶中。
2. 煮至鹌鹑蛋刚熟时关火，加入适量白糖调味即可。

玉米片牛奶粥

- **材料**：无糖玉米片 4 大匙，圆白菜叶 20 克，牛奶 5 大匙。
- **做法**：
1. 圆白菜叶洗净后，放入滚水中汆烫至熟透，沥干水分，放入研磨器中磨成泥状；牛奶加热至温热。
2. 将无糖玉米片放入小塑胶袋中捏成小碎片，倒入大碗中，再倒入温热牛奶，加入圆白菜叶拌匀即可。

紫菜瘦肉汤

- **材料**：紫菜(干)15克，瘦猪肉100克，姜丝少许。
- **调料**：盐适量。
- **做法**：
1. 紫菜用清水浸泡片刻；瘦猪肉洗净，切成条状。
2. 瘦猪肉条与姜丝一起放入锅内，炒至八分熟后，加入适量清水，先用大火煮沸，再加紫菜，小火煲10分钟左右，加盐即可。

什锦粥

- **材料**：鸡肉末、胡萝卜丁、羊肉末各30克，香菇、芹菜各20克，粥1碗。
- **调料**：香油适量。
- **做法**：
1. 香菇、芹菜分别洗净，切丁。
2. 将鸡肉末、羊肉末、香菇丁、胡萝卜丁放入粥中煮熟。
3. 起锅后，撒上芹菜丁，淋上香油即可。

苦瓜鱼片汤

- **材料**：胡萝卜20克，苦瓜、净草鱼肉各100克，鸡腿菇15克，姜少许。
- **调料**：清汤、料酒、白糖各少许。
- **做法**：
1. 苦瓜去籽切片；草鱼肉切片；胡萝卜、鸡腿菇、姜切片。锅内烧水，水开时放入苦瓜片、胡萝卜，用中火汆烫，倒出冲净。
2. 姜片、鸡腿菇炒香，放入料酒、清汤，中火烧开，放入所有材料，大火烧透即可食用。

143

牛奶蔬菜面包汤

- **材料**：面包半片，胡萝卜40克。
- **调料**：牛奶4大匙，蔬菜高汤2大匙。
- **做法**：
① 面包去边后切成块；胡萝卜洗净，去皮后切小丁。
② 将牛奶、蔬菜高汤、胡萝卜丁放入锅中，以小火煮至胡萝卜熟透，加入面包块拌匀即可。

虾米油菜炒蘑菇

- **材料**：油菜300克，鲜蘑菇50克，虾米2大匙，姜适量。
- **调料**：糖、料酒、盐、香油各适量。
- **做法**：
① 油菜洗净，切段；虾米用适量开水浸泡；鲜蘑菇切块，放入开水中汆烫；姜切末。
② 油锅烧热，入姜末稍煸，放入虾米煸炒，加入油菜段、蘑菇块炒熟，加入糖、料酒、盐炒匀，淋上香油即可。

香芋豆皮卷

- **材料**：香芋、豆腐皮各100克，海米50克。
- **调料**：番茄酱、白糖、醋、盐、鸡精各适量。
- **做法**：
① 香芋煮熟；豆腐皮切成长10厘米、宽4厘米的长方形后汆煮至熟。
② 香芋捣成泥，加盐调味，用豆腐皮包好。
③ 海米用温水洗净，与番茄酱、白糖、醋、盐、鸡精搅匀，做成调味汁淋在包好的香芋豆皮卷上即可。

芝麻小·鱼

- **材料：**沙丁鱼 2 条，面粉少许，芝麻半大匙。
- **调料：**酱油少许，醋 1 小匙。
- **做法·**
  1. 芝麻研磨成粉。
  2. 沙丁鱼处理干净后撒上面粉，放入油锅中煎熟。
  3. 将芝麻粉、酱油、醋混合均匀，淋在煎好的鱼上即可。

西湖牛肉羹

- **材料：**牛肉末 150 克，荷兰豆仁 100 克，鸡蛋 2 个。
- **调料：**水淀粉适量，香油、料酒、鸡精、盐各少许。
- **做法·**
  1. 将牛肉末与水淀粉混合拌均匀，鸡蛋取蛋清。
  2. 用料酒触香锅后，加水与鸡精、盐烧开。
  3. 加入牛肉末，快速搅散至浮起，捞除油沫。
  4. 用水淀粉勾芡，水烧开后加入打散的蛋清，轻搅成蛋花羹，再加入荷兰豆与香油拌匀即可。

什锦虾仁蒸蛋

- **材料：**虾仁 60 克，青豆 1 大匙，鲜香菇 1 朵，鸡蛋 1 个，豆腐 40 克。
- **调料：**柴鱼高汤 2 大匙。
- **做法·**
  1. 虾仁去除泥肠，洗净后切小丁；香菇去根，与豆腐均洗净、切小丁；青豆洗净。
  2. 鸡蛋放入小碗中搅散，加入柴鱼高汤拌匀，再放入其他材料，放入蒸锅中蒸熟即可。

茄汁鳕鱼

· **材料:** 鳕鱼 140 克,西红柿 60 克,青甜椒 40 克。
· **调料:** 蔬菜高汤 1/3 杯,淀粉少许。
· **做法·**

① 鳕鱼洗净;西红柿与青甜椒均洗净、去蒂、切小丁。

② 将西红柿丁、青甜椒丁和蔬菜高汤放入锅中,以小火煮开,放入鳕鱼续煮至熟透,最后淋入淀粉勾芡至略浓稠即可。

丝瓜虾皮粥

· **材料:** 丝瓜 200 克,大米 150 克,虾米适量,葱花、姜末各少许。
· **调料:** 香油、盐各少许。
· **做法·**

① 丝瓜去皮,用清水洗净,切小丁。

② 大米淘洗干净,放入锅内,加适量清水烧开。

③ 待米粒煮至开时,加入丝瓜丁、虾米、香油、盐熬煮成粥,再调入葱花、姜末调匀即可。

鳝片爆虾球

· **材料:** 鳝片 250 克,虾球 100 克,香菇、笋片、油菜心各 50 克。
· **调料:** 鸡精、白糖、盐、料酒、淀粉、水淀粉各适量。
· **做法·**

① 鳝片切段,与虾球分别加入盐、料酒、淀粉腌渍。

② 鳝片、虾球分别入油滑熟;油菜心氽烫至熟。油锅烧热,放入香菇、笋片煸炒,加调料、鳝片、虾球、油菜心,炒匀,水淀粉勾芡,装盘即可。

知识链接

制作宝宝饮品需要准备的工具

制作宝宝餐有很严格的器具要求，有些食材必须用专用的器具来处理，这样才能保证宝宝的饮品新鲜，最好现喝现做。在给宝宝制作饮品前，需准备以下工具：

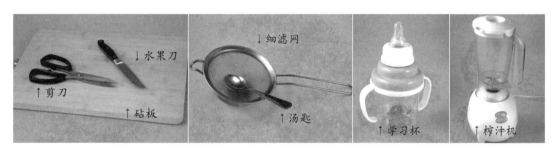

↑剪刀　↓水果刀　↑砧板　↓细滤网　↑汤匙　↑学习杯　↑榨汁机

[剪刀]　处理少量菜叶时，可利用剪刀快速剪碎，不需要砧板和菜刀。

[水果刀]　水果刀必须与菜刀分开使用，以免菜、肉的味道与水果混在一起。

[砧板]　有需要时，可利用刀和砧板将食物切碎。如有条件，可准备木质砧板、竹质砧板和塑料砧板各1块。木质砧板适合处理生食，应选择优质、不易开裂的木材，用完要清洁彻底、晾干，最好消消毒；竹质砧板适合用于处理熟食；塑料材质的砧板更适合用于处理糕点。

[汤匙]　可配合滤网用于挤压水果的汁液。

[细滤网]　可利用滤网的小孔将食材的粗纤维或杂质与汁液分开。给宝宝制作饮品所用的滤网，建议购买孔洞较细密的。

[学习杯]　准备两用的学习杯。宝宝较小时，要用带奶嘴的；宝宝8个月后，可将学习杯上的奶嘴拿掉。

[榨汁机]　能将材料快速搅打均匀，是制作饮品的好帮手。但要保证所搅打的材料必须含有水分，以利于榨汁机中形成漩涡状水流，将材料卷至钢刀处打碎，同时可避免榨汁机空转，延长使用寿命。

铁、叶酸、维生素 B$_{12}$，预防贫血长更高

铁对孩子来说是很重要的微量元素，是构成血红蛋白的重要成分，参与氧的运输和储存。维生素 B$_{12}$ 可促进红细胞的发育，使机体造血机能处于正常状态，预防恶性贫血。叶酸对正常红细胞的形成有促进作用，缺乏可导致巨幼红细胞性贫血。

补充营养小窍门

食物巧搭配，提高铁的摄取率 ♥
◎在吃含铁丰富的植物性食物，如菠菜、黑木耳等时，可以搭配含维生素 C 丰富的果蔬，这样可以增加食物中铁的吸收率。
◎肉类和动物内脏中铁的吸收率大大高于植物性食物，所以在宝宝的食谱中要注意荤素搭配；红肉（如猪、牛、羊肉）中含血红素铁的量要高于白肉（如鸡、鱼、虾等），所以在给宝宝选择肉类时，也要注意红肉和白肉合理选择，不应总是选择一种。

食补叶酸更重要 ♥
绿色蔬果中叶酸含量较多，妈妈把含有叶酸的食材烹调成美味的食物，让宝宝通过饮食补充叶酸。但要注意，在烹调过程中，少用高温爆炒食物，也要避免油炸。

青菜

最大限度地保存食物中的维生素 B$_{12}$ ♥
因为维生素 B$_{12}$ 在碱性和强酸性环境中可被缓慢分解，所以含维生素 B$_{12}$ 丰富的食物不宜与碱性食物或强酸性食物同食，以期最大限度摄取维生素 B$_{12}$。此外，在补充维生素 B$_{12}$ 的时候，可以同时进补其他 B 族维生素。

这些食物含铁、叶酸、维生素 B$_{12}$

含铁的食物 ♥
红肉，如猪肉、牛肉、羊肉等；动物肝脏，如猪肝、鸡肝、鸭肝、鹅肝等；动物血制品，如猪血、鸭血等。此外，蛤蜊肉、菠菜、黑木耳、芝麻酱等含铁也较多。

含叶酸的食物 ♥
毛豆、蚕豆、白菜、四季豆、酵母、蛋黄、牛奶、龙须菜、菠菜、油菜、西蓝花、圆白菜、甘蓝、胡萝卜、南瓜、哈密瓜、杏、香蕉、全麦面粉等。

含维生素 B$_{12}$ 的食物 ♥
动物肝脏、牛肉、蛋类、牛奶、螺旋藻类。

🥄孩子缺铁、叶酸、维生素 B$_{12}$ 有什么表现？

缺乏铁的症状：
◎皮肤苍白、没有光泽　◎指甲易断
◎呼吸困难　　　　　　◎伴有便秘症状

缺乏叶酸的症状：
◎发育不良　　　　　◎头发变灰
◎脸色苍白　　　　　◎身体无力
◎舌头疼痛、发炎　　◎易怒　　◎健忘
◎精神呆滞　　　　　◎心智发展迟滞

缺乏维生素 B$_{12}$ 的症状：
◎精神忧郁　　　　　◎贫血
◎脊髓变性，神经和周围神经退化
◎消化道黏膜发炎　　◎表情呆滞
◎反应迟钝

知识链接

宝宝辅食的 4 种基本处理方法

在给宝宝添加辅食时，食物的处理方法是至关重要的。下面是宝宝辅食的 4 种处理方法，新手妈妈不妨学习一下。

[处理方法]

1. 质地较软且易弄碎的食物可采用压碎的方法来处理，如草莓、香蕉、熟土豆等。将食物放入碗里，用汤匙将其压碎即可（图①）。
2. 偏硬的食物更适合用磨碎的方法来处理，如胡萝卜、白萝卜、小黄瓜等。擦丝板放在碗上，食物放在擦丝板上磨碎，食物碎末正好落入碗里（图②）。
3. 研磨压碎也是处理宝宝辅食常用的方法，食物烫熟后切成小块，放入研钵里，用研棒仔细研磨，将食物压碎即可（图③）。
4. 有些食物在调理前需先用水浸泡一下，如干海带、黑木耳、银耳等。若食物带有涩味，可在浸泡时加些盐或醋。将食物放入容器中，加水（以没过食物为准）浸泡（图④）。

①压碎　　　　②磨碎　　　　③研磨压碎　　　　④浸泡

蛋黄米粥

- **材料**：米粥 3 大匙，水煮蛋黄半个。
- **调料**：高汤适量。
- **做法**：

① 米粥捣烂。

② 蛋黄加少许高汤捣碎，与捣烂的米粥、高汤一同放入锅中煮，边搅拌边煮成粥即可。

🍴 美食有话说

◎这道蛋黄米粥是一道很好的铁剂补充品，十分适合患有缺铁性贫血的宝宝食用。

蜜枣汁

- **材料**：蜜枣 150 克。
- **做法**：

① 蜜枣表皮洗净，在顶端划十字刀口，再放入 500 毫升的热水中浸泡 20 分钟（较容易剥除外皮）。

② 取出蜜枣，剥除外皮，去核，放入搅拌机中打成泥状，用细滤网过滤出蜜枣汁。

③ 取 4 大匙蜜枣汁与 2 大匙开水混合，搅拌后即可饮用。

🍴 美食有话说

◎蜜枣是传统的补血食品，可以给宝宝适量选用。但应注意蜜枣含糖较多，不要给宝宝一次吃得过多。

西红柿大枣羹

- **材料**：鸡肝、大枣、西红柿各适量。
- **调料**：盐适量。
- **做法**：

❶ 鸡肝用搅拌机打碎，去掉筋皮；大枣用清水泡 1 个小时后剥去外皮、内核，将枣肉剁碎；西红柿用开水余烫，去皮，取 1/4 剁泥。

❷ 鸡肝及西红柿泥、大枣泥混合加盐调味后加适量的水拌匀，上锅蒸 10 分钟即成。

豌豆胡萝卜粥

- **材料**：胡萝卜、豌豆、鱼肉各适量，鸡蛋半个。
- **调料**：高汤 4 大匙。
- **做法**：

❶ 胡萝卜、豌豆洗净，煮熟，切成易咬的块状；鱼肉烫熟，去骨，去皮，剁成细块。

❷ 做法 1 中的材料及高汤一同放入锅里煮一会儿，加入打散的鸡蛋，再煮片刻即可。

黄瓜鸡肉蛋花汤

- **材料**：鸡肉、黄瓜各适量，鸡蛋 1/4 个。
- **调料**：高汤半杯，红薯粉少许。
- **做法**：

❶ 鸡肉先拍打，再切成小块；黄瓜去皮，去籽，切成薄片。

❷ 鸡肉块、黄瓜片与高汤一同放入锅里煮熟；鸡蛋打散，淋入锅里；红薯粉加水溶解，放入锅里勾芡即可。

风味奶酪

- **材料:** 低脂酸奶 50 克,苹果适量,营养饼干 4 片,干奶酪 1 片。
- **调料:** 冰糖少许。
- **做法·**
  1. 将营养饼干压碎成细粉状。
  2. 将营养饼干细粉、低脂酸奶、苹果及奶酪片放入果汁机搅拌均匀后倒入容器中。
  3. 以宝宝的喜好添加适量的冰糖拌匀即可。

红薯大米粥

- **材料:** 红薯 250 克,大米 100 ~ 150 克。
- **调料:** 奶酪适量。
- **做法·**
  1. 将红薯洗净,连皮切成小块;大米用水淘洗干净,除去泥沙杂质,备用。
  2. 在锅中加适量水与大米同煮,煮沸后加入红薯块,待粥将熟时,加入奶酪调味,煮沸即可。

参枣莲子粥

- **材料:** 党参 15 克,大枣 3 颗,莲子、大米各 2 大匙。
- **做法·**
  1. 党参切片;大枣洗净,剖开,去核;莲子洗净,备用。
  2. 大米淘洗干净,与党参、大枣、莲子一起放入锅中,加适量清水,煮至米熟烂即可。

葡萄干粥

· **材料：**葡萄干 3 大匙，糯米半杯。
· **调料：**白糖适量。
· **做法：**

① 糯米淘洗干净，备用。

② 将糯米放入锅中，加 1000 毫升清水，置大火上烧开后转小火熬煮成粥，再放入葡萄干焖煮 2 分钟。

③ 白糖加入煮好的粥中调匀即可。

四季豆炒山药

· **材料：**四季豆 80 克，山药 1 小段，荸荠 2 个，藕 50 克，小西红柿 3 个，南瓜 1 小块，葱姜各适量。
· **调料：**盐适量。
· **做法：**

① 将所有蔬菜洗净，山药、荸荠、藕、南瓜去皮，切片，小西红柿对切。

② 四季豆放入沸水中汆烫至熟，捞出。

③ 油锅烧热，用葱花、姜丝炝锅，放入各种处理好的蔬菜大火翻炒，用盐调味即可。

菠菜蛋汤

· **材料：**菠菜 100 克，鸡蛋 1 个，小米 15 克。
· **做法：**

① 菠菜去除黄叶，连根洗净后，放入滚水中汆烫；待凉后切成数段，盛入碗中备用。

② 将小米放入锅中，煮沸 15 分钟，之后打入蛋花。

③ 将菠菜段放入蛋花小米汤中即可。

排骨炖莴笋

- **材料**：排骨 200 克，莴笋 150 克。
- **调料**：盐少许。
- **做法** ·

① 排骨洗净剁块，放入锅中，加适量清水炖汤。

② 挑出骨头，把切块的莴笋放入汤汁中，煮 30 分钟。

③ 最后，放盐调味即可。

雪梨大米粥

- **材料**：雪梨 1 个，大米 50 克。
- **调料**：奶酪少许。
- **做法** ·

① 雪梨洗净，削皮剔核，切成 1 厘米见方的小块；大米淘洗干净。

② 把大米、梨块放入锅内，加清水 500 毫升烧沸，加入奶酪，用小火再煮 40 分钟即成。

猪肉炒南瓜

- **材料**：猪肉 20 克，南瓜 40 克。
- **做法** ·

① 猪肉洗净，切丝；南瓜去皮，去籽，切成 3 厘米长的细条。

② 起锅热油，将猪肉丝、南瓜条一起放入锅中，炒至肉丝、南瓜均熟软即可关火盛起。

水果炒蛋

- **材料**：小西红柿、西芹、香蕉各适量，草莓少许，鸡蛋半个，奶酪 1 小匙。
- **调料**：奶油适量。
- **做法**：

❶ 草莓去蒂，洗净，切小块；香蕉去皮，切小块；西芹洗净，切末；小西红柿洗净，切小块。

❷ 鸡蛋打散后与西芹末、草莓块、小西红柿块和香蕉块一起放入碗里搅拌。

❸ 锅中放入奶油，加入做法 2 中的材料，快速炒干。

❹ 做法 3 的材料盛入容器中，再加上 1 小匙奶酪即可。

 美食有话说

◎食材简单易得，味道鲜香酸甜。

鸡汁豆腐烧青菜

- **材料**：青菜、豆腐各 200 克，西红柿丁 50 克。
- **调料**：高汤、浓缩鸡汁各适量，盐、鸡精各少许。
- **做法**：

❶ 青菜洗净沥干，切碎粒；豆腐切段，略汆烫后，捞出沥干。

❷ 油锅烧热，放入青菜粒炒熟，加盐调味后，盛入盘中心；再把豆腐段移入盘内青菜周围。

❸ 锅置火上，放入高汤、浓缩鸡汁烧开，加盐、鸡精调味，浇在盘内青菜周边，再撒上西红柿丁即可。

美食有话说

◎豆腐中的膳食纤维比较缺乏，青菜却含有丰富的膳食纤维，正好能弥补豆腐的这一缺点。

适量补锌，维持孩子正常的生长发育

　　锌是人体生长发育过程中一种重要的微量元素，分布在体内的每个细胞里。它是人体中多种酶的组成部分，如DNA和RNA聚合酶等，与核酸和蛋白质的生物合成，细胞的生长、分裂、分化等过程有关，对维持机体正常代谢、促进机体生长发育有重要作用。

补充营养小窍门

提倡母乳喂养，及时添加辅食

　　母乳中锌的生物效能比牛奶高，因此，母乳喂养是预防缺锌的好途径。如母乳不足，可以选择合适的配方婴儿奶粉。当宝宝满6个月后，一定要及时添加辅食，肝泥、瘦肉泥、蛋黄泥等都含有较多的锌。

使用膳食补充剂

　　如果宝宝吃饭较少，有些偏食或挑食，经诊断确定或怀疑有锌缺乏时，可以使用含锌的膳食补充剂来为宝宝补锌，这样纠正锌缺乏的速度会快于单纯依赖食物。但是否使用补充剂以及选择什么样的补充剂，最好咨询一下儿科医生或临床营养师。

膳食调理是关键

◎平时应注意培养孩子良好的饮食习惯，不挑食、不偏食，提倡饮食多样化。
◎动物性食物含锌量高于植物性食物，吸收利用率也高，可以搭配着给孩子做补锌餐。

这些食物含锌

　　牛肉、牛肝、猪肉、猪肝、禽肉、鱼、虾、牡蛎、香菇、口蘑、银耳、花生、黄花菜、豌豆黄、豆类、全谷制品等食物中都含有锌。肉和海产品中的有效锌含量要比蔬菜高。

牡蛎

孩子缺锌有什么表现？

◎容易紧张、疲倦　◎警觉性降低
◎身体易受感染、受伤
◎伤口愈合缓慢　◎性发育迟滞
◎血管脂肪化　◎皮肤有横纹
◎指甲上有白斑
◎指甲和头发易断、无光泽

营养师提示

锌、钙能否同补？

　　现在市场上出现了一些锌、钙同补的营养品，谨慎的妈妈就有这样的疑问：锌、钙能同时补吗？从理论上说，钙和锌同性二价阳离子，它们在被吸收和利用过程中存在一定程度的竞争或拮抗，从而互相影响对方的吸收率。建议小剂量时可以放在一起，如各种复合制剂。但当其中一方补充量较大时，还是分开服用为好。

牛肉泥

- **材料**：牛肉适量。
- **调料**：高汤 3 大匙，红薯粉少许。
- **做法**：

❶ 锅里加水煮滚，放入牛肉略煮一下，取出牛肉，捣烂。

❷ 将捣烂的牛肉及高汤一起放入锅里煮，用水溶解红薯粉，加入锅中，勾芡即可。

美食有话说

◎牛肉中锌的含量很高，可以增强宝宝的抵抗力。但也不能让宝宝多吃，每次食用要适量。

知识链接

苹果泥的处理方法

苹果是制作宝宝辅食的常用食材，处理起来比较简单。但要注意，在宝宝成长的不同阶段，苹果应处理成不同的形态。在宝宝 5—6 个月时，最好先将苹果处理成泥状，再与其他食材搭配食用。

[处理方法]

1. 苹果洗净，去皮，取适量果肉（图①）。
2. 将苹果果肉切成小块（图②）。
3. 将苹果块放到研钵中研碎（图③）。

①去皮

②切块

③研碎成泥

157

鱼肉苹果泥

· **材料**：鱼肉、苹果各适量。
· **做法** ·

① 鱼肉放入耐热容器中，在鱼肉上淋一些水，用保鲜膜封起并扎孔，放入微波炉中加热，取出，捣碎。

② 苹果磨成泥，与捣碎的鱼肉一起放入锅里煮片刻即可。

美食有话说

◎苹果可保持大小便通畅，并能缓解婴幼儿轻度腹泻和便秘的症状。这道鱼肉苹果泥可有效提高宝宝的免疫力，减少宝宝患病的概率。

三色肝泥

· **材料**：猪肝25克，胡萝卜、西红柿、菠菜叶各10克，洋葱少许。
· **调料**：高汤适量。
· **做法** ·

① 先将猪肝洗净，去筋膜后绞为浆汁；洋葱去外衣后切细末；胡萝卜洗净后切碎；西红柿去皮、切碎；菠菜入沸水中略烫，捞出切碎。

② 上述材料共入高汤中煮沸即成。

美食有话说

◎这道三色肝泥能提供丰富且均衡的营养，帮助宝宝健康地成长。

猪肝糊

- **材料：**猪肝 15 克，猪骨汤 150 克。
- **调料：**高汤适量。
- **做法：**
① 将猪肝洗净，放入沸水中氽烫去血水，再煮
   10 分钟，取出剥去筋膜，研碎，备用。
② 猪骨汤放入小锅内，加入研碎的猪肝，煮成
   糊状，加入高汤搅匀即可。

烹饪小贴士

◎ 新鲜猪肝的颜色是褐色或紫色，有光
泽，表面或切面没有水泡，用手摸的时候能感觉
到有弹性，妈妈要为宝宝购买这样的猪肝进行
烹调。

蔬菜羹

- **材料：**南瓜 80 克，红甜椒、圆白菜叶各 60 克。
- **调料：**柴鱼高汤半杯，淀粉少许。
- **做法：**
① 南瓜洗净，去皮，切小丁；红甜椒洗净，去
   蒂及籽，切小丁；圆白菜叶洗净，切小片。
② 将柴鱼高汤倒入锅中，以小火煮开，放入所
   有蔬菜材料煮至熟透，最后淋入淀粉稍微勾
   芡即可。

美食有话说

◎ 南瓜是富含锌和 B 族维生素的蔬菜之一，能
促进宝宝生长发育。

牡蛎鲫鱼汤

- **材料**：鲫鱼 400 克，豆腐、青菜叶各适量，姜、葱各少许。
- **调料**：鸡汤、牡蛎粉各适量，酱油、盐、料酒各少许。
- **做法**：

① 鲫鱼去鳞、腮、内脏，洗净。豆腐切 4 厘米长、3 厘米宽的块。姜切片，葱切末，青菜叶洗净。

② 把酱油、盐、料酒抹在鱼身上，将鲫鱼放入炖锅内，加入鸡汤，放入姜片、葱花和牡蛎粉，烧沸。

③ 加入豆腐块，用小火煮 30 分钟后，下入青菜叶即成。

烹饪小贴士

◎鲫鱼下锅之前要简单腌制，让鱼更入味。

番茄汁鱼丸

- **材料**：鱼肉适量，牛奶 1 大匙，西红柿适量，甜椒、洋葱各少许，面粉 1 大匙。
- **调料**：红薯粉少许，番茄汁 4 大匙。
- **做法**：

① 鱼肉去皮，去骨，捣碎，加面粉、牛奶拌匀，做成适合宝宝吃的丸子，再撒上红薯粉。

② 西红柿去皮，捣碎；甜椒、洋葱均切成极小的块。

③ 做法 1、做法 2 中的材料与番茄汁一同放入锅里，煮熟即可。

美食有话说

◎外面买的鱼丸鱼肉含量少，放了许多添加剂，不适合宝宝食用。

口蘑扒鱼脯

- **材料**：鱼肉 200 克，口蘑片 40 克，火腿片 30 克，葱末、姜末、蛋清各适量。
- **调料**：清汤、盐、料酒、水淀粉、香油各适量。
- **做法**：

① 鱼肉洗净剁泥，加蛋清、调料搅匀。

② 油锅烧至五成热时，用勺将鱼肉泥下入，制成约 0.6 厘米厚的鱼脯，呈白色时捞出沥油。

③ 汤锅内加清汤，大火烧开，鱼脯下锅氽烫至透，捞出控净水分。

④ 油锅烧热，用葱、姜末煸炒，加料酒、清汤、盐、口蘑片、火腿片、鱼脯，改用小火煨透，去净浮油，用水淀粉勾芡，淋上香油即成。

美食有话说

◎ 口蘑含有丰富的微量元素硒，硒可以使血液中的血红蛋白数量增加。

蚝油素什锦

- **材料**：香菇 6 朵，草菇 2 朵，生面筋、小白菜各 100 克，黑木耳 50 克，银耳 20 克，玉米笋段、胡萝卜片各适量。
- **调料**：蚝油 2 大匙，白糖、盐各适量。
- **做法**：

① 香菇、草菇浸软洗净；生面筋切块；黑木耳、银耳均泡发，洗净；小白菜洗净备用。

② 沸水中加入油、盐，放入小白菜氽烫后，捞出沥干，排放于盘上。

③ 油锅烧热，放入香菇、草菇炒香，加入其他材料及蚝油、白糖小火炒约 10 分钟，淋于小白菜上即可。

烹饪小贴士

◎ 食材焯水的时候加入适量的盐，不但能使食材保持色泽，而且还能减少在烹饪时营养成分的流失。

充足的硒，让孩子身体更健康

硒是维持人体正常功能的重要微量元素之一，是谷胱甘肽过氧化酶的重要组成成分，在人体的氧化还原过程中起着重要的作用。研究显示，硒缺乏会带来心肌的损害，也会影响婴幼儿的生长发育。还有研究认为，硒与宝宝智力发育有关联，体内硒不足会对孩子的智力发育造成不利影响。

补充营养小窍门

食补硒安全可靠 ♥

硒元素对宝宝很重要，母乳中硒的含量是可以满足宝宝生长发育需要的；添加辅食或已经吃成人食物的宝宝只要注意食物搭配均衡合理，也可以满足每日硒的需要量，一般无需食用强化硒的食物。过量摄入硒元素对人体有危害，会导致维生素 B_{12}、叶酸和铁代谢紊乱，也会对神经系统带来损害。如果经医生确认宝宝缺硒，则可以在医生指导下使用富硒食物或相应的膳食补充剂。

根据标准科学补硒 ♥

中国营养学会建议婴幼儿每日硒的摄入量为：0—6 个月 15 微克；6—12 个月 20 微克；1—3 岁 25 微克；4—6 岁 30 微克；7—10 岁 40 微克；11—13 岁 55 微克；14 岁以上 60 微克。

这些食物含硒

芝麻、苋菜、蒜、金针菇、草菇、平菇、香菇、谷类、全麦面粉、猪肉、羊肉、动物内脏、牛奶、虾、带鱼、黄鱼等食物中都含有硒。

谷类、肉、鱼及奶类食物中的硒含量较为丰富。

蒜

带鱼

金针菇

芝麻

🥄 营养师提示

食物中的硒

食物中的硒含量变化较大，与产地土壤中的含硒量密切相关。也就是说，即使同一种类的食物，在不同的产地出产，也会造成含硒量相差很大。比如在贫硒地区和富硒地区种植的谷类，其含硒量会相差很多倍。

肝酱土豆泥

- **材料**：鸡肝 30 克，土豆 40 克。
- **调料**：蔬菜高汤 3 大匙。
- **做法**：

❶ 鸡肝洗净，放入沸水中烫至熟透，捞出沥干水分，切碎后放入研磨器中磨成泥状。

❷ 土豆洗净去皮后，放入蒸锅中蒸熟，取出放入研磨器中，充分压碎呈泥状。

❸ 将所有材料与高汤一起放入小锅中，拌匀后以小火煮沸即成。

美食有话说

◎鸡肝中硒的含量很高，宝宝可以多吃一些鸡肝。

知识链接

肝泥的制作

　　动物肝脏中硒的含量非常高，但烹调中稍不注意，就会导致硒的流失。下面介绍一种简便的方法，帮助你轻松做肝泥，且最大限度地保留住肝脏中的硒。

[处理方法]

1. 将猪肝切成片状，再把肝片切成条（图①）。
2. 把肝条（或猪肝的 1/2）放入榨汁机内搅碎（图②）。
3. 将搅碎的猪肝放入锅中蒸熟（图③）。
4. 将蒸熟的猪肝捣碎（图④）。

①切成片状　　②放入榨汁机　　③放入蒸锅　　④捣碎

青豆翠衣粥

- **材料**：大米 100 克，西瓜皮、青豆各 50 克。
- **做法**
  1. 青豆洗净后用温水浸泡 2 小时，然后与大米一同放入锅中。
  2. 去掉西瓜皮的绿色外皮，切小块。
  3. 锅中加适量水，小火熬煮，青豆烂熟时，放入西瓜皮块，继续煮 10 分钟即可。

🍴 **美食有话说**

◎宝宝在夏天的时候吃这款粥，既可以补硒又可以解热。

洋葱拌牛肉末

- **材料**：牛肉末、洋葱、白萝卜各适量。
- **调料**：高汤适量。
- **做法**
  1. 牛肉末用刀背拍打，剁细，用沸水烫一下。
  2. 洋葱去皮，切成丁；白萝卜洗净，磨成泥。
  3. 高汤及牛肉末放入锅里煮，加入洋葱丁、白萝卜泥，再煮至沸腾即可。

🍴 **烹饪小贴士**

◎剥洋葱的时候可以把洋葱放在水里泡一下再剥，这样就不会刺激到眼睛了。

豆腐粉丝牛肉汤

- **材料**：豆腐适量，牛肉薄片 2 大匙，粉丝适量。
- **调料**：高汤、酱油各适量。
- **做法**：

❶ 豆腐切块；牛肉薄片切成宝宝易食用的大小。

❷ 粉丝用沸水烫过后切小段，备用。

❸ 高汤放入锅里煮开后，将牛肉片、粉丝段放入锅内，再加入少许酱油调味，煮开后再加入豆腐块煮 2 ~ 3 分钟即可。

美食有话说

◎优质的豆腐没有异味，这样的豆腐吃起来口感好，并且营养比较完整。

炒冬瓜

- **材料**：冬瓜 300 克，豆腐皮、芹菜、西红柿各 25 克，葱丝、姜丝各适量。
- **调料**：盐、料酒、鸡精、淀粉、香油、高汤各适量。
- **做法**：

❶ 将豆腐皮烫软，在案板上铺平，撒入盐、鸡精，再放入淀粉浆，卷成干贝粗细的卷，捆好，放入蒸锅中蒸 5 分钟取出，晾凉后切成丁备用。

❷ 冬瓜处理干净切片；芹菜、西红柿洗净切丁备用。

❸ 葱丝、姜丝、冬瓜炒匀，再加入调料、芹菜丁、西红柿丁、豆腐皮烧 8 ~ 10 分钟，大火收汁，用水淀粉勾芡，淋入香油即可。

紫米大枣粥

- **材料**：紫米 20 克，大枣 10 克。
- **调料**：椰浆、白糖各适量。
- **做法**：
  1. 紫米洗净后放入锅中，加入适量水将米煮烂。
  2. 大枣加入沸水中，浸煮 3 分钟。
  3. 将煮烂的紫米与大枣拌好，加入适量白糖及椰浆即可。

美食有话说

◎优质紫米外观色泽光亮，紫色均匀地包裹整颗米粒。用指甲刮除色块后米粒色泽和大米一样，这样的紫米更适合宝宝吃。

菜花拌鳕鱼

- **材料**：菜花 30 克，鳕鱼肉适量（最好选肚上的肉）。
- **调料**：黄豆粉少许。
- **做法**：
  1. 菜花掰小块，余烫，捞出，沥水。
  2. 鳕鱼肉去皮，放入锅中，加少许水，煎炒至熟。
  3. 菜花块加入锅里，再拌入黄豆粉搅拌均匀即可盛起。

烹饪小贴士

◎如果菜花没有用完，可以直接放进冰箱保存，不用覆上保鲜膜，但是不要再次给宝宝食用了。

鸡腿菇炒虾仁

- **材料：** 鸡腿菇 150 克，虾仁 100 克，蛋清、黄瓜丁、蒜末各适量。
- **调料：** 料酒、米醋、白糖、盐、淀粉、鸡精各适量。
- **做法·**

① 鸡腿菇洗净，切两半；虾仁去掉泥肠，洗净加入蛋清、部分盐和部分淀粉拌匀；取小碗放入清水、剩余盐、料酒、米醋、白糖、鸡精和剩余淀粉调匀成芡汁。

② 油锅烧至五成热，放虾仁滑炒至熟，捞出控净油；锅留底油烧热，放入蒜末和黄瓜丁爆锅，再倒入鸡腿菇和虾仁翻炒，最后烹入兑好的芡汁，迅速翻炒均匀，即可出锅。

烹饪小贴士

◎虾仁要大火快炒，这样做出来的虾仁才会美味。

南瓜炒鸡米

- **材料：** 鸡肉、猪肉馅各 30 克，南瓜 20 克，枸杞子 10 克，姜片适量。
- **调料：** 盐、白糖、酱油、淀粉各适量。
- **做法·**

① 鸡腿洗净，去皮切小丁，加入盐、白糖、酱油与淀粉，拌匀后腌渍 30 分钟。

② 加热油锅，南瓜切成小丁，用中火煎至金黄。

③ 将姜片、猪肉馅、鸡肉丁炒至金黄，再放入南瓜丁、枸杞子炒匀，盖上锅盖小火焖煮 6 ~ 8 分钟即可。

烹饪小贴士

◎带皮的鸡肉含有较多的脂类物质，所以较肥的鸡应去掉鸡皮再烹制。

维生素 A，促进孩子的视力发育

维生素 A 是一种脂溶性维生素，主要贮藏在肝脏中，少量贮藏在脂肪组织中。维生素 A 共有两种形式：一种是最初的维生素 A 的形态，又叫视黄醇，只存在于动物性食品中；另一种是维生素 A 原，又称胡萝卜素，可在人体内转变为维生素 A。胡萝卜素中最主要的是 β-胡萝卜素。

补充营养小窍门

适量补充脂肪类食物 ♥

脂肪类食物有助于胡萝卜素的吸收，所以在食用含胡萝卜素较多的食物时，适量搭配肉类食物更有利于胡萝卜素的摄取。

这些食物富含维生素 A

动物内脏，如猪肝、牛肝、鸡肝等；海产品，如鳝鱼、生海胆等；还有蛋类、牛奶、牛油等。

这些食物富含胡萝卜素

黄绿色蔬菜，如胡萝卜、茼蒿、菠菜、芥菜、甜椒、芹菜、韭菜等；水果，如蜜柑、杏、柿子、枇杷等。

菠菜　牛奶　胡萝卜

孩子缺维生素 A 有什么表现？

- ◎ 眼睛干涩
- ◎ 皮肤粗糙、角质化
- ◎ 患夜盲症
- ◎ 食欲下降
- ◎ 疲倦
- ◎ 腹泻
- ◎ 骨骼、牙齿软化
- ◎ 生长迟缓
- ◎ 出现肌肉与内脏器官萎缩

营养师提示

类胡萝卜素与维生素A的转化关系

胡萝卜素是存在于植物中的天然色素，现在已知有超过 600 种以上的类胡萝卜素。对于人体来说，主要是 4 种类胡萝卜素，即 β-胡萝卜素、α-胡萝卜素、γ-胡萝卜素、β-隐黄质，可以在体内转变为维生素 A。其中 β-胡萝卜素的转换效率最高，约为 1/6，也就是 6 微克的 β-胡萝卜素可以转变为 1 微克维生素 A。其他 3 种的转换率约为 1/12。

妈妈常在宝宝的辅食中增加含丰富维生素A的食物，看宝宝的眼睛炯炯有神，视力也非常好！

大枣蛋黄泥

·**材料**：大枣 20 克，鸡蛋 1 个。

·**做法**·

1 将大枣洗净，放入沸水中煮20分钟至熟，捞出，去皮、核后，剔出大枣肉。

2 鸡蛋煮熟取蛋黄，加入大枣肉，用勺背压成泥状，拌匀后即可。

烹饪小贴士

◎妈妈要把大枣放在通风的地方保存，不要用塑料制品装起来，以免大枣发霉。

知识链接

胡萝卜的处理方法

胡萝卜含有丰富的胡萝卜素，可补充宝宝所需的维生素 A。妈妈可以根据以下方法处理胡萝卜。

[**处理方法**]

1. 将胡萝卜洗净，用削皮器去皮（图①）。

2. 用擦丝板将胡萝卜擦成细丝（图②）。

3. 将胡萝卜丝放入开水锅中，用中小火煮熟（图③）。

4. 将胡萝卜丝捞出，放入碗中（图④）。

①削皮

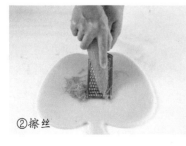

②擦丝

③放入锅中煮熟

④盛入碗中

双色蒸蛋黄

- **材料：**鸡蛋黄 40 克，菠菜 25 克，胡萝卜 15 克。
- **调料：**高汤少许。
- **做法·**
① 将鸡蛋黄打散；把胡萝卜、菠菜分别择洗干净，放入沸水中氽烫后切成碎末，备用。
② 将打散的蛋黄与高汤混合，调匀，放入蒸笼中，用中火蒸 3 ~ 4 分钟。
③ 胡萝卜末和菠菜末撒在蒸好的蛋黄上即可。

胡萝卜苹果泥

- **材料：**苹果、胡萝卜各适量。
- **调料：**柠檬汁少许。
- **做法·**
① 苹果去皮，切取一块果肉；胡萝卜洗净，与苹果果肉一同用刨丝板弄碎，放入小碗里上锅蒸 5 ~ 8 分钟。
② 起锅后加入柠檬汁，拌匀即可。

什锦豆腐

- **材料：**嫩豆腐 30 克，胡萝卜、全瘦细肉末各 15 克。
- **调料：**清高汤 3/4 碗，水淀粉 1 小匙，鲣鱼粉少许。
- **做法·**
① 豆腐洗净压碎，胡萝卜洗净煮熟切小细丁。
② 清高汤加入细肉末、碎豆腐、胡萝卜细丁，煮至软烂，加鲣鱼粉调味，用水淀粉勾薄芡，即可装盘。

黑枣桂圆糖水

- **材料**：黑枣 1 大匙，桂圆肉半大匙。
- **调料**：红糖适量。
- **做法**：
① 将黑枣、桂圆肉洗净。
② 黑枣、桂圆肉放入锅中，加入 500 毫升清水，再加入红糖调匀，隔水炖 40 分钟即可。

胡萝卜红薯球

- **材料**：胡萝卜、红薯各 50 克，巧克力豆 5 克。
- **做法**：
① 胡萝卜切成小块，放入锅中加水煮软；红薯蒸熟，去皮，备用。巧克力豆磨成粉，备用。
② 胡萝卜块、红薯和巧克力粉混匀，压成泥，然后搓圆即可。

菠菜牛肉面

- **材料**：牛肉丝 2 大匙，细面条 30 克，菠菜适量，骨头汤 200 毫升。
- **调料**：盐少许。
- **做法**：
① 菠菜洗净用开水氽烫后切成末；牛肉丝切小段；细面条切成长约 1.5 厘米的段，备用。
② 将骨头汤放入锅中加热，放入牛肉丝煮熟。
③ 将细面条放入滤网中，用水冲洗后放入锅中，加入菠菜末，待细面条煮熟后放盐调味即成。

豆腐口蘑蔬菜汤

· **材料**：小白菜 100 克，鲜口蘑 6 朵，西红柿 1 个，嫩豆腐 1 块。
· **调料**：高汤 600 毫升，水淀粉 15 克，盐少许。
· **做法** ·
① 豆腐洗净，切丁；口蘑切小块；小白菜择洗干净，切小片；西红柿去皮，切成丁。
② 炒锅放油烧热，加入西红柿丁、口蘑块略炒，放入高汤、豆腐丁煮滚，再加入小白菜片稍煮，用水淀粉勾薄芡，放盐调味即可食用。

榛仁炒莴笋

· **材料**：莴笋 200 克，扇贝 50 克，蛋清适量，榛仁 25 克。
· **调料**：盐、鸡精、料酒、香油、淀粉各适量。
· **做法** ·
① 莴笋去皮，切丁；扇贝肉切丁，用沸水汆烫。
② 用蛋清将淀粉调成糊，放入扇贝丁腌一下。
③ 锅内放少许油，下入扇贝丁、莴笋丁煸炒，调入盐、鸡精、料酒，下榛仁，勾芡后淋少许香油即成。

双爆串飞

· **材料**：鸡脯肉、鸭脯肉各 200 克，毛豆、香菜各适量，鸡蛋 1 个，葱 1 段，姜 2 片。
· **调料**：盐、料酒、生抽各适量。
· **做法** ·
① 鸡脯肉和鸭脯肉洗净沥干水，划十字花刀，加少许调料腌片刻；鸡蛋取清备用。
② 肉脯汆烫后用蛋清抓匀；毛豆汆烫去豆腥味。
③ 起油锅，下毛豆和葱段、姜片炒，入肉脯炒至熟，盛盘时挑出葱姜，加香菜摆盘即可。

西红柿豇豆炒鸡蛋

· **材料**：豇豆段 250 克，西红柿块 60 克，鸡蛋 3 个，蒜末适量。

· **调料**：酱油、盐各半小匙。

· **做法**：

① 鸡蛋打散，调入一点清水，搅拌均匀。

② 锅烧热倒入油，待油八成热时，倒入鸡蛋，炒好后从锅中盛出，备用。

③ 油锅烧至七成热时，将豇豆倒入翻炒 2 分钟，再放入西红柿块炒 1 分钟，淋入少许清水，放入蒜末，盖上盖子，用中火焖 4 分钟左右。

④ 开盖淋入酱油，调入盐，把炒好的鸡蛋倒入，改大火翻炒 1 分钟，待汤汁略干即可关火。

美食有话说

◎豇豆含有蛋白质、纤维素、磷脂等营养成分，具有化湿补脾、补肾健胃、润肠通便等作用。

蒜香蛤蜊

· **材料**：鲜蛤蜊 300 克，甜椒 1 个，葱 1 根，蒜 3 瓣。

· **调料**：淀粉 2 大匙，酱油、蚝油、白糖、香油各适量。

· **做法**：

① 蛤蜊洗净去杂质拌淀粉稍腌，然后氽烫冲凉备用。

② 蒜拍碎；甜椒切片；葱切段。

③ 热锅入油将蒜、甜椒片、葱段炒香，加入酱油、蚝油、白糖拌匀，汁开时加入蛤蜊，改大火再烧开即熄火，滴香油盛出。

美食有话说

◎氽煮好的蛤蜊肉可用凉开水再清洗一下，口感会更好。

B 族维生素，增强孩子体质

B 族维生素的成员很多，包括维生素 B_1、维生素 B_2、维生素 B_6、维生素 B_{12}、烟酸、泛酸、叶酸等。B 族维生素是人体新陈代谢不可缺少的物质。如果体内缺少 B 族维生素，细胞功能就会下降，引起代谢障碍，最终引发营养不良，年幼的宝宝更是如此。

补充营养小窍门

B 族维生素同时补充效果更佳♥

B 族维生素之间可以形成有益的影响，也就是说，在摄入维生素 B_1 的同时，摄入维生素 B_2、维生素 B_6、维生素 B_{12}、烟酸、泛酸、叶酸等，要比单独摄入维生素 B_1 的效果好。

多吃粗粮♥

由于谷类中含有较多的 B 族维生素，特别是粗粮中，所以平时一定要让孩子多吃粗粮，不可纵容孩子挑食、偏食。

这些食物含 B 族维生素

含有维生素 B_1 的食物♥

酵母、米糠、全麦、燕麦、花生、猪肉、大多数种类的蔬菜、麦麸、牛奶。

含有维生素 B_2 的食物♥

牛奶、动物肝脏与肾脏、奶酪、绿叶蔬菜、鱼、蛋类。

含有维生素 B_6 的食物♥

小麦麸、麦芽、动物内脏、黄豆、甘蓝、糙米、鸡蛋、燕麦、花生、核桃。

注：含维生素 B_{12}、叶酸丰富的食材前文已介绍，见第148页。

🔍 孩子缺 B 族维生素有什么表现？

◎ 舌头肥大　　　　　◎ 水肿
◎ 舌尖呈红色，中间是紫红色
◎ 肠胃消化不良　　　◎ 胀气
◎ 口角炎　　　　　　◎ 皮炎
◎ 舌炎　　　　　　　◎ 脂溢性皮炎
◎ 结膜炎　　　　　　◎ 角膜炎

🔍 营养师提示

素食的孩子更应注意补充B族维生素

专家指出，素食的孩子无法摄入含有 B 族维生素的动物性食物，很容易出现烂嘴角、手脚麻木等症状。所以，素食的孩子要注意补充 B 族维生素。如果素食的孩子选择药补 B 族维生素，那么最好选择复合 B 族维生素片剂，不要单一补充其中的一种维生素，因为只有这样才利于身体营养的均衡，也有利于人体对营养的吸收。

小宝宝的妈妈注意给他补充B族维生素，他长得越来越健康了。

什锦豆腐糊

- **材料**：嫩豆腐 50 克，瘦猪肉末、小白菜末各 15 克，鸡蛋液适量。
- **调料**：酱油少许，肉汤适量。
- **做法**：
① 豆腐放入开水中氽烫一下，抹干水分后切成碎块。
② 肉末放入锅内，加入肉汤、酱油、碎豆腐和小白菜末，用小火煮熟，然后把调匀的鸡蛋液倒入锅内，边倒边不停搅拌，煮成糊状即可。

烹饪小贴士

◎豆腐本身就是容易吞咽的食物，因此切成的碎块不用太小，口感和肉末才能相得益彰。

美食有话说

◎小白菜含有丰富的维生素C，而豆腐和瘦肉蛋白质的含量较高，小白菜、豆腐与瘦肉组成的什锦豆腐糊，能在营养上达到互补，能为宝宝提供生长发育所需要的各种营养。

175

葡萄干土豆泥

- **材料**：土豆 50 克，葡萄干 5 克，樱桃 1 个。
- **调料**：白糖少许。
- **做法**

① 葡萄干用温水泡软，切碎备用。

② 土豆洗净，蒸熟去皮，做成土豆泥备用。

③ 炒锅烧热，加少许水，煮沸，下土豆泥、葡萄干，转小火煮。

④ 出锅前，加入白糖调匀，放上樱桃点缀即可。

烹饪小贴士

◎洗葡萄干的时候可以用 35℃左右的温水清洗，洗的时间不要长，一般不要超过 3 分钟，并用手不断搅拌。清洗后最好晾干再食用。

美食有话说

◎葡萄干含有较多有机酸，食用后有很好的健脾开胃的功效，适合胃胀、食不甘味的宝宝。

萝卜炒鸡肝

- **材料**：鸡肝 80 克，胡萝卜、白萝卜各 60 克。
- **调料**：小鱼干高汤 2 大匙，酱油少许。
- **做法**：

① 鸡肝洗净，切小丁；胡萝卜、白萝卜均洗净，去皮后切小丁，放入沸水中汆烫 1 分钟后捞出沥干水分。

② 热锅中倒入少许油烧热，放入鸡肝丁、胡萝卜丁、白萝卜丁，以小火炒匀，淋入调匀的小鱼干高汤与酱油，续煮至汤汁收干即可。

烹饪小贴士

◎新鲜的鸡肝外皮有一层软膜，摸起来有轻微的弹性。

五彩鸡丝

- **材料**：鸡胸肉 200 克，香菇丝、胡萝卜丝、青椒丝各 30 克，鸡蛋 2 个（1 个取蛋清）。
- **调料**：高汤、盐、水淀粉各适量。
- **做法**：

① 鸡胸肉切丝，加盐、蛋清、水淀粉拌匀。

② 锅内放油，将鸡蛋摊成蛋皮，晾凉后切成丝；将所有材料下锅煸炒一下备用。

③ 锅内加入高汤，大火烧开，放入煸炒过的材料烧开后加盐调味，用水淀粉勾芡盛入盘中即可。

烹饪小贴士

◎煸炒时油温不宜过高，炒出来才会五色分明。

177

牛肉蔬菜粥

· **材料**：牛肉馅 20 克，香菇 1 个，胡萝卜 15 克，大白菜叶半片，米饭半碗。

· **调料**：酱油、盐各少许。

· **做法**·

1. 先把香菇切成片，再切成细丝，白菜和胡萝卜也切成丝备用。

2. 锅中放少许油，稍加热，放入香菇丝、胡萝卜丝略微炒一下，再放入牛肉馅和白菜丝，加水煮到菜都变软。

3. 放入米饭、酱油、盐，煮到熟烂即可。

烹饪小贴士

◎香菇不易入味，胡萝卜不易熟，要先放，再加入牛肉馅和白菜丝。

凉拌干丝菠菜

· **材料**：菠菜 200 克，豆皮丝 50 克，肉丝 30 克，姜末适量。

· **调料**：盐、白糖、橄榄油、醋各适量。

· **做法**·

1. 菠菜、豆皮丝分别入沸水锅中氽烫，捞出备用。

2. 油锅烧热，用筷子将肉丝在油中拨散，加少许盐炒熟。

3. 菠菜、豆皮丝、肉丝放在调味盆里，加入姜末、盐、白糖、醋、橄榄油混合拌匀，静置半个小时即可。

烹饪小贴士

◎做拌凉菜的时候，可以用橄榄油代替香油，让食物更加健康。

黄瓜炒百合

- **材料：** 鲜百合 80 克，黄瓜 100 克。
- **调料：** 盐少许。
- **做法：**

① 新鲜百合洗净，掰散；黄瓜洗净，切成和百合大小差不多的薄片。

② 锅置火上，放油烧热，随后放入百合略炒。

③ 至百合四成熟时，放入黄瓜片，用大火爆炒，加入盐，翻炒均匀就可以了。

 美食有话说

◎作为一种蔬菜，百合可以说是营养丰富，以兰州百合为例，它含有13%的糖类、3.36%的蛋白质，以及丰富的钙、锌、铁及类胡萝卜素等人体所必需的营养素。

鸡蛋粉丝苋菜汤

- **材料：** 绿色苋菜 100 克，粉丝 20 克，鸡蛋 1 个，葱花、姜丝各适量。
- **调料：** 盐、鸡精、胡椒粉、清汤各适量。
- **做法：**

① 苋菜择洗干净，撕开；粉丝剪成段用温水泡发；鸡蛋打入碗中搅匀备用。

② 油锅烧热，倒入蛋液转动，摊成一个薄蛋饼，晾凉后切丝备用。

③ 锅留少许底油，放入葱花、姜丝煸香后放苋菜煸炒片刻，倒入清汤，放入粉丝段大火煮开后放入鸡蛋丝，加入适量的盐、鸡精和胡椒粉即可。

烹饪小贴士

◎用盐调味也可以不放鸡精。

补充维生素 C，提高孩子免疫力

　　维生素 C 在胶原质的形成上扮演极其重要的角色，而胶原质关系着人体组织细胞、血管、牙龈、牙齿、骨骼的生长与修复，若胶原质不足，细胞组织就容易被病毒或细菌侵袭，人体较容易患病。所以维生素 C 具有提高人体抗病能力，抑制有害菌的活性的作用，妈妈不要忘记给孩子补充哟！

补充营养小窍门

食补维生素 C 的原则和方法

◎由于维生素 C 容易氧化和对热度很敏感，在烧煮的过程中容易被破坏，所以在给孩子做蔬菜汁和水果汁的时候要遵循方式简单、现做现食的原则。

◎对于维生素 C 特别容易被破坏的蔬菜，可以使用"急火快炒"的方式，也可以多吃生蔬菜和凉拌蔬菜，这样可以摄入更多的维生素 C。

夏日维生素 C 消耗增加

　　在夏季，天气很热，再加上宝宝活泼好动，出汗较多，导致维生素 C 随汗液流失。所以夏季更应注意别让宝宝缺乏维生素 C，可以多吃新鲜蔬果，也可以适量使用适合儿童的维生素 C 补充剂。

这些食物含维生素 C 较多

　　牛心甘蓝、甜椒、白菜、豌豆、胡萝卜、生菜、西红柿、苹果、柠檬、柿子、柳橙、柑橘、葡萄柚、草莓、猕猴桃、桃、梨等。

生菜

小朋友特别喜欢吃柑橘，这是补充维生素C的好办法！

孩子缺维生素 C 有什么表现？

◎牙龈红肿　　　◎牙齿松动
◎容易受伤、擦伤　◎易流鼻血
◎关节疼痛　　　◎体重减轻
◎缺乏食欲　　　◎消化不良
◎身体虚弱　　　◎呼吸短促
◎脸色苍白　　　◎发育迟缓
◎骨骼形成不全　◎贫血
◎经常感冒

营养师提示

关于维生素C应该了解的一些事项

◎维生素 C 具有抗氧化作用，可以清除自由基，保护 DNA、蛋白质和生物膜，延缓衰老。

◎维生素 C 可以促进结缔组织中胶原的合成，可以促进骨骼的发育。

◎维生素 C 可以促进植物中非血红素铁的吸收和储存，有利于缓解缺铁性贫血。

◎维生素 C 还可以降低血清胆固醇。

◎维生素 C 还可以降低某些致癌物的不利影响。

◎维生素 C 并不是多多益善，一次性口服大剂量维生素 C 容易引起渗透性腹泻；长期口服大剂量维生素 C 会增加草酸盐肾病的风险。

水果粥

· 材料：苹果、猕猴桃各 1 片，香蕉半个，稠大米粥 3/4 碗。

· 做法 ·

① 把全部水果切成小丁，备用。

② 粥上火煮开，加入所有水果丁拌匀即可。

鲜橘汁

· 材料：鲜橘子 1 个。

· 做法 ·

① 鲜橘子去皮，剥成两半，放在榨汁机中或挤果汁器具上压出果汁。

② 在橘子汁中加入少许温开水调匀，即可喂食。

香碎菠菜

· 材料：菠菜 200 克，熟瘦肉、虾米各少许，姜末、香油各适量。

· 做法 ·

① 将菠菜摘去老叶，洗净，下沸水锅里汆至水再烧沸时，捞出沥水，然后挤去水分，剁成碎末放盆中，加入姜末拌匀。

② 虾米洗净，去泥肠，泡软后剁成碎末。熟瘦肉切成碎末，与虾米一起倒在菠菜末中，淋入香油，拌匀即成。

芹菜胡萝卜汁

- **材料**：芹菜 75 克，胡萝卜 300 克。
- **调料**：柠檬汁 1 大匙。
- **做法**·

❶ 西芹去除老叶，洗净，切段；胡萝卜用削皮器削皮，切长条状。

❷ 将西芹段和胡萝卜条交错放入榨汁机内榨成汁，加入柠檬汁拌匀即可。

猪肉苹果西红柿汤

- **材料**：猪肉、洋葱、苹果、西红柿各适量。
- **调料**：高汤适量。
- **做法**·

❶ 猪肉洗净，切薄片；洋葱、苹果、西红柿分别切成极小的块。

❷ 高汤放入锅里煮开，加入做法 1 的所有材料，慢慢煮熟即可。

青豌豆粥

- **材料**：青豌豆少许，大米 1 大匙。
- **做法**·

❶ 大米淘洗干净，与水以 1:10 的比例放入锅中煮熟。

❷ 青豌豆去皮，放入锅中，加适量水煮熟。

❸ 取煮好的粥 3 大匙，与青豌豆混合均匀即可。

香菇炒绿豆芽

- **材料：**绿豆芽 200 克，香菇 100 克，胡萝卜、黄瓜皮各 50 克，葱丝、姜丝各适量。
- **调料：**盐、料酒、鸡精各适量。
- **做法·**

1 绿豆芽掐去两头洗净沥干水分；香菇用水泡发，洗净切丝；胡萝卜、黄瓜皮切丝。

2 油锅烧热，下葱丝、姜丝炒香，快速放入绿豆芽、香菇、胡萝卜、黄瓜皮，不断翻炒。

3 加入料酒、盐、鸡精翻炒均匀，即可出锅。

胡萝卜西红柿蛋汤

- **材料：**胡萝卜、西红柿各适量，鸡蛋 1 个，姜、葱各少许。
- **调料：**盐、白糖、鸡精各少许，清汤适量。
- **做法·**

1 胡萝卜去皮，切厚片；西红柿去皮，切厚片；姜去皮，切丝；葱切末，备用。

2 起锅热油，放姜、胡萝卜，翻炒几次，注入清汤用中火烧开。下入西红柿，放调料，鸡蛋打散倒入，撒上葱花即可。

糖醋西瓜皮

- **材料：**西瓜皮 250 克，梨 1 个。
- **调料：**盐、白糖、米醋各适量。
- **做法·**

1 西瓜皮去外面青皮，用冷开水洗净，切成 4 厘米长、筷子粗的条，加盐拌匀后放置 20 分钟左右，挤干盐水，放于碗内。

2 梨削去外皮，去梨心，将梨肉切成与西瓜皮条同等大小的条，放入西瓜皮条中，加白糖、米醋拌匀腌透。食用时装盘即可。

三色蛋蔬汤

- **材料：**西红柿、鲜鸡蛋各2个，黄瓜1根，葱花少许。
- **调料：**盐、鸡精、香油各少许。
- **做法**
1. 西红柿洗净，过开水，去皮切片；鸡蛋打入碗中搅拌均匀；黄瓜洗净切成斜片，备用。
2. 将油锅烧热，投入葱花，炒出香味后，倒入适量的清水，大火烧开，放入黄瓜、西红柿，再次烧开后，倒入蛋液，顺时针推匀成大片蛋花，再适量调味即可。

蔬菜肉卷

- **材料：**四季豆3根，胡萝卜80克，薄猪肉片4～5片。
- **调料：**盐适量，醪糟1小匙。
- **做法**
1. 猪肉片洗净，抹上醪糟与盐；四季豆洗净，撕除老筋后切段。
2. 胡萝卜洗净，去皮后切条。
3. 猪肉片分别摊开，排入适量四季豆段与胡萝卜条，包卷起来，放入锅中蒸熟即可。

草菇炒西红柿

- **材料：**草菇300克，小西红柿100克，葱末适量。
- **调料：**盐、鸡精、水淀粉、鸡汤各适量。
- **做法**
1. 草菇、小西红柿均洗净切两半；草菇用沸水汆烫至变色捞出。
2. 油锅烧至七八成热时，放入葱煸出香味，倒入草菇、小西红柿煸炒，加入鸡汤，待锅开时放盐、鸡精，用水淀粉勾芡出锅即可。

青甜椒炒瓜皮

- **材料：**西瓜皮 3 块，青甜椒 100 克。
- **调料：**盐、鸡精各少许。
- **做法：**

① 西瓜皮削去外皮，斜刀切薄片，放入盘中，再加少许盐腌一下，滤去水分，备用；甜椒洗净，切片。

② 锅置火上，倒入适量的植物油烧热，将甜椒片先煸炒一下，再放入腌好的瓜皮和调料炒熟，即可。

西红柿翅根汤

- **材料：**鸡翅根 200 克，西红柿 3 个，碎芹末、葱花、姜丝各少许。
- **调料：**高汤、盐各适量，料酒 2 小匙。
- **做法：**

① 将鸡翅根洗净擦干。西红柿洗净，去皮切块。

② 油锅烧热，下入葱花、姜丝、鸡翅根、西红柿块翻炒均匀，烹入料酒，倒入适量高汤煮至入味后，加盐调味，撒入碎芹末即可。

芹菇虾仁

- **材料：**新鲜草菇 300 克，明虾 10 只，新鲜西芹 50 克，葱、姜各适量。
- **调料：**盐、料酒、水淀粉各适量，胡椒粉、清汤各少许。
- **做法：**

① 草菇洗净；西芹洗净切段；焯烫 2 分钟。

② 明虾去壳，挑除泥肠，中火烫 2 分钟备用。

③ 油锅烧热，放入葱、姜、草菇、虾、西芹段，烹入调料、烧熟，水淀粉勾芡出锅即可。

不要忽视牛磺酸、乳酸菌和卵磷脂

牛磺酸能保护眼睛，还有抗血小板聚集等作用；乳酸菌能将肠内酸性化，抑制病原菌的繁殖，可以促进宝宝的消化吸收，保持排便顺畅；卵磷脂是形成细胞膜等生物膜的主要成分，也是脑部、神经及细胞间的信息传导物质，负责各项机能的调节。

补充营养小窍门

食补牛磺酸

牛磺酸易溶于水，所以鱼贝类煮的汤不要扔掉，可以给孩子饮用。妈妈的初乳中含有高浓度的牛磺酸，所以，一定要给孩子喝初乳。牛奶中牛磺酸含量很低，因此，如果没有条件进行母乳喂养，最好使用配方奶粉来喂养宝宝。

喝酸奶补充乳酸菌

给婴幼儿补充些乳酸菌，对其成长发育非常有益。平时做辅食时，可有意识地增加乳酸菌含量丰富的食材。有些妈妈喜欢为孩子亲自制作乳酸菌，但专家认为此种做法欠妥，因为乳酸菌对环境要求很高，一不小心就可能被污染，所以妈妈还是购买市售含乳酸菌的食材比较保险。

卵磷脂虽然重要，但并不容易缺乏

宝宝日常的很多食物都富含卵磷脂，如鸡蛋黄、动物肝等。而且卵磷脂可以由宝宝自身合成。所以只要给宝宝选对了食物，就不必担心缺乏卵磷脂的问题。

这些食物含牛磺酸、乳酸菌、卵磷脂

含牛磺酸的食物

沙丁鱼、墨鱼、章鱼、牡蛎、海螺、蛤蜊、牛肉等食物中都含有丰富的牛磺酸。

含乳酸菌的食物

酸奶、奶酪、奶油、黑麦面包。

含卵磷脂的食物

红肉、动物肝脏、黄豆、花生油、苹果、柳橙、蛋黄、坚果、全麦食品、玉米等食物中都含有丰富的卵磷脂。

孩子缺牛磺酸、乳酸菌、卵磷脂有什么表现？

缺乏牛磺酸的症状：
◎ 容易产生疲劳感
◎ 神经细胞损伤　　◎ 发生癫痫
缺乏乳酸菌的症状：◎ 腹胀　◎ 便秘
缺乏卵磷脂的症状：
◎ 导致神经外膜的缺损
◎ 造成类淀粉物质的堆积
◎ 可能导致记忆力减退

小宝宝的妈妈在食物中添加了蛋黄，为她补充卵磷脂。

黄豆

苹果

玉米油

奶油烩青菜

·**材料**：油菜 100 克，鲜蘑菇 50 克，白菜帮、酸奶、香油、黄油、奶油各适量。

·**做法**·

❶ 白菜帮洗净，切丝，氽烫；油菜洗净，放入沸水锅氽烫熟，切成小段，与白菜帮丝拌匀。将蘑菇洗净，切碎，放在炒锅内，倒入奶油熬成蘑菇奶油汤。

❷ 蘑菇奶油汤与酸奶、香油混匀。

❸ 另取一锅置火上，加适量黄油烧热后，下入白菜帮丝、油菜段和蘑菇奶油汤，边搅拌边煮 5 分钟至熟即可。

美食有话说

◎将白菜和油菜用这样的方法烹调，可以有效分解里面的纤维，更利于宝宝食用。

西式蒸蛋

·**材料**：鸡蛋 1/3 个，鸡肉少许，胡萝卜、小白菜各适量。

·**做法**·

❶ 鸡蛋打散，放入碗里搅拌均匀，盛入容器中。

❷ 鸡肉切成小块；胡萝卜、小白菜均洗净，放入沸水锅中氽烫，捞出，切块。

❸ 做法 2 中的材料加入鸡蛋液中，用蒸锅蒸熟即可。

烹饪小贴士

◎蒸蛋的分量以宝宝的食量为准，待蒸蛋晾凉之后再喂宝宝。

紫米乳酪粥

- **材料**：紫米 50 克。
- **调料**：奶酪 15 克。
- **做法**
1. 紫米洗净，用清水浸泡一晚。
2. 紫米用小火熬粥，煮至熟烂，加入奶酪调匀即可。

美食有话说

◎奶酪是由牛奶浓缩发酵而成的，含有丰富的乳酸菌，是纯天然的食品。奶酪中的脂肪和热量都比较多，胆固醇的含量比较低，对宝宝心血管的发育有益处。

什锦猪血汤

- **材料**：猪血 100 克，火腿半大匙，丝瓜适量，鸡蛋 1 个，冬菇、姜各少许。
- **调料**：鸡汤、水淀粉各适量，盐、白糖、香油各少许。
- **做法**
1. 猪血切小丁；火腿切丁；丝瓜去皮，去籽，切丁；冬菇切丁；姜切末。锅中加水烧开，待水沸时，下入猪血丁、冬菇丁，煮去其中的异味，捞出备用。
2. 另起锅热油，放入姜末，注入鸡汤，用中火烧开，加入猪血丁、火腿丁、丝瓜丁、冬菇丁，调入盐、白糖烧开，用水淀粉勾芡，再打散鸡蛋倒入，然后淋入香油即可。

烹饪小贴士

◎火腿丁要尽量切得细碎，便于宝宝吞咽。

鲔鱼沙拉

- **材料**：罐头鲔鱼 25 克，橙子 1 个。
- **调料**：酸奶 20 克。
- **做法**
  ① 橙子去皮去籽，只取果肉部分，备用。
  ② 将果肉混入鲔鱼中，淋上酸奶后拌匀即可。

美食有话说

◎鲔鱼是一种健康食品，有多种食法，日本人喜欢把鲔鱼切成生鱼片或制成寿司，欧洲及美国人则会把鲔鱼弄碎制成罐头，可制作三明治等食品。现在这道沙拉也是鲔鱼的一种料理方法，而且也适合宝宝食用。

小·麦血肝粥

- **材料**：小麦、大米各100克，鸡血、鸡肝各适量。
- **调料**：盐适量。
- **做法**
  ① 小麦、大米淘洗干净，浸泡30分钟。
  ② 适量加水煮沸后，转小火熬成粥。
  ③ 鸡血、鸡肝切小粒，放入粥内煮熟，起锅撒盐即可。

烹饪小贴士

◎妈妈在做这款粥时可以将小麦多泡一会儿。泡到足够软，这样有利于宝宝消化，而且要选择那些新产下来的小麦。

鳜鱼丸山楂油菜汤

- **材料**：鳜鱼1条（约500克），草菇50克，山楂、油菜心各少许，鸡蛋1个。
- **调料**：盐适量，鸡精、胡椒粉各少许。
- **做法**：

1. 鸡蛋磕破，滤去蛋黄留蛋清。
2. 鳜鱼杀后洗净，去骨、去皮，取肉，用刀背捶成鱼蓉，加盐、鸡精、鸡蛋清，搅打成鱼胶状待用。
3. 锅置火上，倒入适量清水烧开，将打好的鱼蓉挤成鱼丸，边挤边下锅，待开锅后捞出。另起锅加清水烧开，放入鱼丸、草菇、山楂、油菜心，加入盐、胡椒粉调味，煮熟即可。

美食有话说

◎山楂是一种药食同源的材料，吃起来味道酸甜可口，营养功效也比较好。

牛肉焖黄豆

- **材料**：黄豆200克，牛肉200克，姜、葱各适量。
- **调料**：盐、白糖、番茄汁、料酒、水淀粉、香油、胡椒粉各适量。
- **做法**：

1. 黄豆用清水浸透；牛肉切片，用盐、白糖、番茄汁腌渍好；姜切末；葱切末；黄豆放沙锅内，加清水，煮烂。
2. 在油锅中爆香姜末、葱花，放牛肉片、料酒、黄豆、黄豆汤，加盐、白糖、番茄汁、胡椒粉焖熟牛肉，用水淀粉勾芡，淋香油即成。

烹饪小贴士

◎食用黄豆时，应用高温煮烂，不宜食多，以免导致腹胀。

豆腐鱼汤

- **材料：**中型海鱼1条，长形豆腐1块，姜6片，香菜1棵，葱段适量。
- **调料：**料酒1大匙，盐1小匙，胡椒粉少许。
- **做法：**
  ① 油锅烧热，先将葱段、2片姜入锅爆香，再放入洗净、擦干的海鱼，两面略煎，随即淋料酒1大匙，并加入清水烧开。
  ② 改小火，豆腐切块后放入同烧，拣除葱段、姜片，另将4片姜切丝放入。
  ③ 待入味并熟软时，放盐、胡椒粉。香菜切碎，盛出后撒入汤内即成。

 烹饪小贴士

◎海鱼稍微煎一下可以去除腥味，鱼肉口感更紧实。

韭黄炒鳝鱼丝

- **材料：**鳝鱼300克，韭黄100克，葱、姜、蒜各适量。
- **调料：**白糖、香油、白胡椒粉、酱油各适量。
- **做法：**
  ① 鳝鱼洗净，切丝；葱切末；蒜去皮剁成蓉；姜去皮切丝；韭黄洗净，切段。
  ② 油锅烧热，下鳝鱼丝稍煸，盛出。
  ③ 锅底留油，放入葱末、姜丝、蒜蓉爆香，加入鳝鱼丝翻炒几下，加入白胡椒粉、白糖、酱油、韭黄段炒匀，盛入盘中，烧热香油，浇在鳝鱼丝上即可。

烹饪小贴士

◎鳝鱼体内有很多寄生虫，食用前要去除内脏，再经过充分的加热烹饪，确保鳝鱼肉熟透。

PART 4
第四章

常见病这样吃，为孩子的健康保驾护航

孩子体质比成年人弱，免疫力较差，因此容易生病。孩子生病比平时更需要注意营养的补充，同时要考虑其食欲降低的情况，此时该怎么给孩子补充营养是许多父母的困惑。

感冒

感冒作为一种常见的病症，主要由病毒引起，引起感冒的病毒种类繁多，最常见的有流感病毒、鼻病毒、柯萨奇病毒等。此外，细菌、支原体、衣原体感染也可引起感冒。幼儿由于年龄小，患感冒后痛苦而又无法表达出来，所以家人应给予孩子足够的关心，并及时帮助孩子解除痛苦。

孩子患感冒后的症状

孩子感冒后常常会有发热、咳嗽、眼睛发红、嗓子疼、流鼻涕、食欲下降、哭闹不安、精神疲软等症状。有些孩子还可能因为高热出现惊厥现象。

孩子感冒时的调理方法

孩子在感冒的最初几天里，食欲下降，不愿意吃辅食，饮食量会大幅降低，也不像以前那样有精神。即使采用正确的治疗方法，孩子要完全恢复原来的状态，一般也需要1周左右的时间。

对患感冒孩子的护理，爸爸妈妈要做到以下几点：

孩子感冒时，不要硬喂辅食 ♥

孩子感冒时，已经习惯且易消化的辅食可以继续喂养，但不建议加用未适应的辅食，也不要强求孩子的辅食量能达到平时那样多，因为孩子此时的消化功能是相对降低的。

吃预防和缓解感冒的食物 ♥

洋葱中含有微量元素硒，可提高抵抗力，有预防感冒、祛痰、利尿、发汗以及抑菌的作用。含维生素 C、维生素 E 及红色的食物，如西红柿、苹果、葡萄、枣、草莓、橘子、西瓜等，也有预防感冒的作用，但都要注意适量。此外，感冒时喝牛奶、吃鸡蛋，可以为机体提供优质蛋白，补充营养，对康复有益。

父母应尽量陪护孩子 ♥

要尽量多关心孩子，孩子感受到亲人的疼爱，心理上会觉得很安全。另外，保证孩子有足够的休息，也要注意保持室内空气的流通。孩子的内衣也要勤洗勤换，饮食餐具要勤消毒。

鸡肉米粉土豆泥

·**材料**：婴儿米粉 1/2 碗，土豆 1 个，鸡肉 60 克，鸡汤少许。

·**做法**·

① 鸡肉煮熟，搅成泥状。

② 土豆煮熟后去皮，用勺子碾成泥。

③ 将鸡肉泥和土豆泥放入婴儿米粉中，用适量温水和少许鸡汤调成糊状即可。

🍳 烹饪小贴士

　　◎鸡肉和土豆都尽量做得越细腻越好，宝宝即使嗓子疼也能轻松吞咽。

西红柿猪肝汤

·**材料**：猪肝 250 克，虾仁 25 克，蘑菇丝 40 克，西红柿丁 150 克，鸡蛋液。

·**调料**：黄酒、姜汁、盐各适量。

·**做法**·

① 猪肝切去筋膜洗净切丁，加姜汁、蛋液、盐搅打成浆，用大火蒸 10 ~ 15 分钟至结膏。

② 锅内加水，加虾仁、黄酒沸煮 5 分钟，倒入蘑菇丝、西红柿丁和猪肝膏煮熟即可。

🍳 烹饪小贴士

　　◎猪肝先用水浸泡 30 分钟，然后再烹饪，烹饪时一定要把猪肝炒熟或者煮熟再食用。

葱白粳米粥

· **材料**：葱白（葱的根部）5段，姜6片，大米适量。
· **做法** ·

① 将大米洗净煮成粥。

② 将葱白放入粥中，待粥快熟时放入姜片，煮
5～10分钟至粥软熟即可。

🍳 **烹饪小贴士**

　　◎粥盛出时不要把姜片挑出，吃姜驱寒祛湿，
有利于恢复。

鸡胸肉炖土豆

· **材料**：土豆1/4个，西蓝花1～2朵，鸡胸肉1小块，
高汤适量。
· **做法** ·

① 土豆去皮切成小块；西蓝花洗净切丁。

② 将鸡胸肉煮熟，撕成丝后再切成碎丁。

③ 在锅里加入西蓝花丁、鸡胸肉丁、土豆块和
高汤，煮到土豆熟透即可。

🍳 **烹饪小贴士**

　　◎鸡胸肉是一种富含蛋白质的食物，煮鸡胸肉
最好是水沸后煮10～15分钟。

蔬菜面

·**材料**：南瓜4块，白菜叶5片，菠菜叶2片，面条、高汤各适量。

·**做法**·

① 南瓜去皮切成小丁并煮软。

② 将白菜叶、菠菜叶分别焯烫至软并切碎。

③ 锅中加入面条和高汤煮沸，将南瓜丁、白菜叶碎、菠菜叶碎加入，再次煮沸至面条熟即可。

🍳 烹饪小贴士

◎挑选南瓜的时候可以用手放在南瓜上面拍一拍，南瓜发出的声音发闷则成熟度较高，一般也会比较甜。

酸奶土豆泥

·**材料**：土豆1/4个，酸奶2匙。

·**做法**·

① 将土豆蒸熟，用勺背压成泥，也可以做成宝宝喜欢的动物形状。

② 土豆泥晾凉后在上面淋上酸奶即可。

🍳 烹饪小贴士

◎酸奶一定要选择原味酸奶，不要选酸奶饮料，酸奶饮料很多是由原奶配上各种水果味添加剂兑出来的，不利宝宝健康。

发热

　　正常人的体温一般为 36.2℃～37.2℃。临床上把体温达到或超过 37.3℃称为发热。体温在 37.3℃～38℃通常称之为低热，体温 38.1℃～39℃为中等热度，体温 39.1℃～41℃为高热，超过 41℃为超高热。孩子如有发热症状，妈妈应及时查明原因、对症调理，必要时应及时带孩子就医。

通过饮食调理来缓解孩子的发热症状

　　注意让孩子多喝水，多吃流质或半流质食物，如面汤、粥、蛋羹等；适当吃些新鲜水果或果汁。此外，苋菜、葱等蔬菜类食物具有解热、解毒等作用，因此也可用于缓解感冒等病症。妈妈可以适当用这些食材做辅食喂孩子吃，但是要注意，如果孩子不喜欢吃也不要强迫。脾虚、大便稀薄或泄泻的孩子应避免多食。

注意观察病情，及时就医

　　妈妈要注意观察孩子病情，观察孩子的活动能力、精神状态及体温变化并及时带孩子就医治疗。

🐾 护理小提示

孩子发热时应该如何护理

　　许多妈妈发现，孩子发热时身体会有冷的表现，觉得应该给孩子保暖，所以给孩子穿很厚的衣服，以为这样才有利于排汗，其实这种做法是错误的。因为孩子发热时会散发大量的热量，热量及时发散出去才会有助于退热，所以应该给孩子穿宽松舒适的衣服。

猪肉西红柿汤

- **材料**：猪肉、洋葱、苹果、西红柿、高汤各适量。
- **做法**
1. 猪肉洗净，切薄片。
2. 洋葱去皮切丁，苹果、西红柿分别洗净切小丁。
3. 高汤放入锅里煮开，加入所有材料，慢慢煮熟即可。

美食有话说

◎西红柿在锅中不要煮太久，否则会越煮越酸，营养物质也会被破坏。

葱白麦芽奶

- **材料**：葱白5根，麦芽15克，熟牛奶100毫升。
- **做法**

葱白洗净，切开，与麦芽放入杯中，加盖，隔水炖熟后去除葱及麦芽，加入熟牛奶即可。

美食有话说

◎生麦芽和炒麦芽都有健脾胃的功效，尤其是促进淀粉性食物的消化效果较好。

葱豉豆腐汤

- **材料**：葱白3段（连头须），豆豉10克，豆腐2小块。
- **做法**
  ① 油锅烧热，将豆腐块略煎。
  ② 锅内放入豆豉和豆腐块，加入适量清水，用大火煮沸后放入葱白段即可。

◎葱白性温，味道辛辣，服用之后可以促进身体发汗，治疗风寒感冒。

◎豆腐和豆豉酱香味浓郁，需要放葱白清新汤味。

咳嗽

咳嗽是孩子在季节交替过程中最为常见的外感疾病的症状之一，引起咳嗽的原因有急慢性支气管炎以及肺炎、咽喉炎等。孩子咳嗽是一种保护性生理现象，但是如果咳得过于剧烈，就会影响饮食、睡眠，甚至引发其他疾病，这种生理性保护就失去了意义。因此，对于孩子的咳嗽，妈妈一定要带孩子及时就医给予必要的治疗。

孩子咳嗽有哪些症状

孩子咳嗽可能是受了风寒，也可能是受了风热。风寒咳嗽的症状主要有咳嗽、咽痒、咳痰清稀、鼻塞流清涕等；风热咳嗽的主要症状有咳嗽、痰黄黏稠、鼻流浊涕、咽红口干等。

咳嗽的调理方法

排痰方法 ♥

对于痰多的孩子，妈妈应多给孩子喝些温热的水，水的温度可以刺激气管扩张；也可以让孩子保持一个比较舒服的姿势，再轻轻由下至上拍打其背部，以利于痰液的排出。

保持环境清新 ♥

孩子患咳嗽后，保持室内空气清新很有必要。妈妈应尽量通风换气，注意调整湿度。

及时带孩子就医 ♥

当孩子干咳、大声呼吸且呼吸费力时，妈妈要检查他的气管中是不是有异物，若是异物卡住了气管，在做紧急处理后，要及时带孩子到医院检查。另外，当孩子咳嗽并伴有高烧症状时，妈妈也应及时带孩子到医院检查。

饮食调养是预防宝宝咳嗽的有效手段，妈妈请不要忽视哟！

润肺双玉甜饮

· **材料：** 银耳、百合各 10 克，冰糖适量。
· **做法** ·

① 银耳洗净泡水至膨胀变软，切碎；百合洗净切碎。

② 将银耳与百合一起放入锅内，加水煮 10 ～ 20 分钟即可。

③ 视宝宝的口味可酌情加冰糖调味。

好妈妈喂养经

◎百合是润补上品，营养丰富，有止咳、去痰、润肺、健胃、安神等作用。这款汤品可以起到一定的止咳化痰作用。

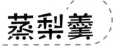

蒸梨羹

· **材料：** 梨 1 个，川贝母、陈皮各 2 克，冰糖 10 克，糯米饭 15 克。
· **做法** ·

① 梨挖去梨心；川贝母研粉；陈皮切丝；糯米蒸熟；冰糖压成细末。

② 把冰糖、川贝母粉、糯米饭、陈皮丝装入梨内，加入适量清水，放入蒸杯内。

③ 把盛梨的蒸杯放入锅中蒸 45 分钟即可。

好妈妈喂养经

◎宝宝出现上呼吸道感染、咳嗽并伴有细菌感染、发热、咳痰时，食用蒸梨羹可以帮助润肺止咳化痰。

山楂梨汁

- **材料**：梨 1 个，山楂 10 个，白糖适量。
- **做法**：
① 山楂去核洗净，放入碗中。
② 梨去皮、核后切成小块，与山楂一起榨成汁，倒入杯中。
③ 将白糖放入山楂梨汁中，搅拌均匀后即可饮用。

猪肺粥

- **材料**：猪肺 100 克，大米 50 克，葱花、姜末、盐各适量。
- **做法**：
① 将猪肺洗净，加适量清水煮至猪肺七成熟时，取出切丁。
② 大米洗净，加猪肺汤、猪肺丁及适量清水煮粥。
③ 粥熟后，调入葱花、姜末、盐，再煮沸即可。

秋梨奶羹

- **材料**：秋梨 1 个，牛奶 200 毫升，米粉 10 克，白糖适量。
- **做法**：
① 秋梨去皮、核并切小块，加少量水煮软，加入白糖调味。
② 在煮好的梨汁中兑入温热牛奶、米粉混合均匀即可。

便秘

　　添加辅食不久的宝宝对于新的食物还不是很适应，所以很容易便秘。如果妈妈发现孩子一段时间内没有排便，或者便后出现喝奶量减少、把腿抬到胸部等情况，这可能是便秘的预兆，应当及时帮孩子进行调理。

孩子便秘的症状

　　孩子便秘时常表现为：排便间隔时间长、大便不通、排便困难或便质干燥如球。此外，还伴有腹痛、腹胀、食欲不振等症状，严重时还会出现烦躁哭闹、坐卧不安等症状。

孩子便秘的饮食调理

◎调整饮食结构：应该适当减少蛋白质类食物的摄入，增加富含膳食纤维的蔬菜和谷类食物，如韭菜、菠菜、玉米、高粱、红薯等；鼓励孩子进食新鲜水果，如香蕉、苹果、猕猴桃等。

◎服用益生菌：益生菌可调节肠道菌群，加速肠道蠕动，利于大便排出。

◎少量多餐，多喝水：少食多餐可防止积食，多喝水可滋润肠道，使孩子大便稀软。

🦴 护理小提示

预防孩子便秘的技巧

◎ 让孩子养成定时排便的习惯。3 个月以上的孩子就可以训练其定时排便了。到了 3 岁以上，则可在清晨或睡前坐便盆，并养成每日定时排便的习惯。

◎ 让孩子适当运动。运动有助于改善便秘症状，如果是幼儿，让他们爬一爬、滚一滚也是促进肠道蠕动的好方法。

帮宝宝养成良好的排便习惯，是预防便秘的好方法。

鸡蛋玉米糊

· **材料：** 鲜牛奶 100 毫升，鸡蛋 1 个（打散），玉米糊、蜂蜜各少许。

· **做法** ·

① 鲜牛奶倒入锅里，加入玉米糊搅匀。

② 用小火煮开，加入鸡蛋液，迅速搅拌均匀。

③ 再加入少许蜂蜜，搅匀即可。

紫菜黄瓜汤

· **材料：** 黄瓜 100 克，紫菜 50 克，姜末适量。

· **调料：** 盐、鸡精各适量。

· **做法** ·

① 黄瓜洗净，切条；紫菜用清水泡发，并换 1 ~ 2 次水。

② 黄瓜条同紫菜、盐、姜未放入锅内，加适量清水，烧沸后加鸡精调味，即可食用。

甘蔗汁蜂蜜粥

· **材料：** 甘蔗汁 100 毫升，蜂蜜 50 毫升，大米 50 克。

· **做法** ·

① 将大米洗净，煮粥。

② 待粥熟后调入蜂蜜、甘蔗汁，再煮 1 ~ 2 分钟即成。

芝麻芹菜

- **材料**：芹菜 40 克。
- **调料**：高汤 3 大匙，白芝麻半小匙。
- **做法**·

① 芹菜洗净，切细条。

② 起锅热油，放入芹菜条翻炒，加 3 大匙高汤。

③ 高汤煮干后盛起，撒上芝麻即可。

红豆糯米饭

- **材料**：红豆 100 克，糯米 250 克，熟黑芝麻、盐各适量。
- **做法**·

① 红豆洗净，浸泡 30 分钟后加入适量水煮开，再煮 10 分钟，待凉。

② 糯米洗净，沥干，与晾凉的红豆连汤混合泡 1 小时左右，再用锅煮熟。

③ 喂食前加少许盐和熟黑芝麻拌匀即可。

蜜奶芝麻羹

- **材料**：蜂蜜 20 毫升，牛奶 100 毫升，黑芝麻 10 克。
- **做法**·

① 将黑芝麻洗净，晾干，用小火炸熟后研成细末。

② 将牛奶煮沸，冲入蜂蜜，最后将芝麻末放入调匀即可。

腹泻

　　婴幼儿时的腹泻可分为非感染性腹泻、感染性腹泻。非感染性腹泻一般是由于进食过多或过少、食物成分改变、辅食添加不当、天气变化等引起，其中包括母乳性腹泻，多见于出生6个月以内的宝宝，往往随孩子渐渐长大和辅食的添加而渐渐消失。感染性腹泻是指病原体（如细菌、病毒等）进入肠道内造成的腹泻，多与饮食不洁有关。

孩子腹泻的典型症状

　　腹泻是婴幼儿时期的常见疾病，主要症状为大便稀薄、次数多、有黏液或不消化物等。

孩子腹泻的饮食预防和调理

　　引起腹泻的原因虽很多，但预防方法却有相同之处。首先，应合理安排膳食，保证孩子均衡摄入营养；其次，注意保持孩子冷暖适宜，多给孩子喝水；护理孩子的家人要健康，注意清洁卫生，喂哺用具要煮沸消毒。

　　孩子出现腹泻后，应尽快查明病因，针对病因积极进行治疗。同时，注意饮食宜忌，分清类型后对症调理，并注意以下几方面事项：
◎给婴幼儿足够的饮食以避免营养不良，应进食平时习惯的饮食，不添加新的辅食，适量补充液体以预防脱水，可选用米汤加盐溶液、糖盐水或医用的口服补液盐。
◎对于长期营养不足的孩子，妈妈一定要更加耐心细致地调理。这些孩子因肠胃消化功能差，进食及补液应少量多次，否则会加重腹泻。
◎逐次少量添加蛋白质食物。鱼、蛋类食物中含有丰富的优质蛋白质，而且不含乳糖（孩子患病时，肠内乳糖酶含量不足），

所以可以用以辅助治疗腹泻，效果很好。
◎对于伴有呕吐的孩子，不要强迫哺乳，否则可能加重呕吐以致脱水，应及时就医，必要时给予输液补液。

重视饮食调理，注意营养均衡，有助于预防宝宝腹泻。

山楂甜米粥

- **材料**：新鲜山楂 60 克（或干山楂 30 ~ 40 克），大米 60 克。
- **调料**：白砂糖少许。
- **做法**·

① 山楂洗净，放入砂锅里用小火慢慢熬煮，熬好后去渣，取出汁水。

② 锅中加入洗净的大米、白砂糖，继续熬煮至熟即可。

小·米胡萝卜糊

- **材料**：小米 50 克，胡萝卜 1 根。
- **做法**·

① 将小米淘洗干净，放入小锅中熬成粥，取最上面的小米汤，晾凉后备用。

② 将胡萝卜去皮洗净，上锅蒸熟后捣成泥状。

③ 将小米汤和胡萝卜泥混合搅拌均匀成糊状即可。

藕汁生姜露

- **材料**：鲜嫩藕 200 克，生姜 20 ~ 30 克。
- **做法**·

① 鲜嫩藕、生姜全部放入榨汁机榨成汁。

② 榨好的汁可用净纱布包好，放在瓷盆里用木块压或用手挤，使鲜汁流出即可。

营养糯米粥

· **材料**：大米 15 克（泡好），糯米 10 克（泡好），豌豆、栗子、香菇、胡萝卜各适量，高汤 1/4 杯。

· **做法** ·

❶ 豌豆煮好后去皮，磨成粉；栗子去皮，切成小丁。

❷ 香菇取伞部剁碎；胡萝卜去皮汆烫后切丝。

❸ 将大米和糯米放在一起后加水、豌豆末和栗子丁煮成饭。

❹ 将香菇末、胡萝卜丝煸炒后加高汤，再将做好的饭一起倒入高汤里煮熟即可。

好妈妈喂养经

◎适当食用一些栗子可养胃健脾、补肾强筋、活血止血等。

牛肉南瓜粥

· **材料**：大米 10 克（泡好），糯米（泡好）、核桃粉各 5 克，牛肉 20 克（剁碎），南瓜 10 克（剁碎），香油少许，高汤 80 毫升。

· **做法** ·

❶ 将大米和糯米磨成米粉；剁碎的牛肉煮熟后剁成细末。

❷ 将高汤倒进米粉里熬成粥，加入牛肉末和南瓜碎末，再放核桃粉，最后淋点香油搅匀。

好妈妈喂养经

◎因为腹泻的宝宝不能吃太油腻的东西，妈妈不妨为宝宝做这款粥试试，可以为其补充营养。

◎脾虚寒泻且有感冒症状的宝宝不宜食此粥。

夜啼

孩子夜间哭闹是每个爸爸妈妈都非常头痛的事情，不但影响自己休息，也为孩子的健康担心。孩子夜间哭闹，在中医上被称为"夜啼"，是婴儿期常见的症状，多见于半岁以下的宝宝，多半是饿了、渴了、太热、太闷、尿布湿了或者白天过度兴奋而难以入睡造成的。如果这些原因都被排除了，就要考虑孩子是不是得病了。

孩子夜啼有哪些症状

按照中医理论，夜啼可分为脾胃虚寒、心火内盛、惊骇、肾气不足4种类型。

◎脾胃虚寒型：多见于先天不足的孩子，症状为哭声低微、哭时无泪。平时体弱多病、四肢发凉、食欲差。

◎心火内盛型：孩子哭声大、面红、身热、泪多、眼屎多、大便秘结、小便短赤。

◎惊骇型：入睡后惊动易醒、醒后啼哭不止，或夜间突然啼哭，哭声不已。

◎积滞型：除有夜啼外，还会有多汗、枕秃，伴有烦躁、发育迟缓等症状。

夜啼的调理方法

◎补充钙质：现代医学证明，缺钙也会引起孩子夜间哭闹，因此，缺钙引起的夜啼孩子应多吃一些含钙丰富的食物，如奶制品、动物肝脏及豆制品等。

◎药物治疗：对于以上4种原因造成的夜啼，可带孩子去医院就诊，给予适当的治疗。

妈妈平时特别注意孩子的饮食营养均衡，所以这对双胞胎小宝宝身体不缺钙，晚上睡觉从来都不哭闹。

生姜红糖汤

· **材料：** 姜 10 克，红糖 15 克。
· **做法** ·

① 姜切成细小的薄片。

② 把姜片放入碗中，加入适量红糖，再加适量水，煎好后服食。

🍲 **好妈妈喂养经**

◎在服药时，不宜用红糖汤送服。

红豆甜饮

· **材料：** 红豆、白糖各适量。
· **做法** ·

① 红豆洗净，放入锅内，加适量水煮烂，压成泥状。

② 在压好的红豆泥中加入适量白糖，给宝宝代茶饮用。

🍲 **好妈妈喂养经**

◎红豆性平，味甘、酸，有利水消肿、解毒排脓的功效，有些宝宝吃多了可能会引起尿量增多和腹胀，造成身体不适。

红枣茯苓粥

· **材料**：红枣 10 克，茯苓、山药各 20 克，大米 50 克，红糖少许。

· **做法**

1 将红枣洗净、去核，煮烂，压成泥。

2 将其他材料洗净，与红枣泥一起煮成粥，加适量红糖调味即可。

美食有话说

◎白茯苓属于利水消肿药，其药性甘、淡、平，归于心、肺、脾、肾经，具有利水渗湿、健脾、安神的功效，在临床上用来治疗水肿、小便不利，还可以用来治疗脾虚诸证。

烹饪小贴士

◎红枣压成泥之前要用水先泡一会，煮粥时红枣泥最后放，稍微煮一煮就可以出锅，否则味道发苦。

水痘

　　水痘是由水痘-带状疱疹病毒初次感染引起的一种急性出疹性传染病。5—9 岁的孩子发生率较高。水痘传染性很强，以冬春季节为多见，出疹前 1 ～ 2 天至出疹后 1 周都有传染性。传播途径主要是呼吸道飞沫或直接接触传染，妈妈应重视预防孩子感染水痘。

孩子感染水痘后的症状

　　一般来说，孩子感染水痘后，往往有 2 ～ 3 周潜伏期，继而会出现头痛、发热、全身倦怠等前期症状；发病 24 小时内会出现皮疹，很快变为米粒至豌豆大的圆形水疱。

感染水痘后如何调理

◎孩子感染疱疹病毒后，妈妈应注意让孩子多休息，多喝温开水，保持大便通畅、皮肤清洁，防止其抓破疱疹，从而减少继发感染。
◎如果孩子表现出明显的瘙痒难忍的症状，妈妈可以为其涂少许炉甘石洗剂。若有抓破处，可以涂些金霉素眼膏，大些的孩子也可以涂碘伏。
◎孩子此时的饮食宜清淡，可进食细软、易消化的食物，如粥、面片、牛奶、蛋羹、新鲜蔬菜和水果及鲜果汁等清热利水的食物，也可喝一些绿豆粥或绿豆汤。
◎如果孩子体温升高到 38.5℃ 以上，妈妈就要及时带孩子就医，或遵医嘱为其服用退热药。

🦴 护理小提示

正在接受激素治疗的孩子，
妈妈要预防其感染水痘

　　水痘的并发率发生较低，但对正在使用激素治疗的患哮喘病的孩子却十分危险。这些孩子一定要避免与水痘患儿接触。一旦接触，妈妈应立即去医院诊治，采取必要的应急措施，不可擅自处理。

在水痘高发的季节，妈妈应做好孩子的护理工作。

薏米红豆粥

·**材料**：薏米20克，红豆、土茯苓各30克，大米100克，冰糖适量。

·**做法**·

① 将薏米、红豆、土茯苓、大米分别洗净后，放入锅内，加适量水煮成粥。

② 待粥熟豆烂时拌入适量冰糖，搅至冰糖溶化后即可食用。

好妈妈喂养经

◎这款配餐适用于宝宝水痘已出而有发热、赤尿、神疲等症状者，是缓解水痘症状的食疗方。

薏米黑豆浆

·**材料**：黑豆110克，薏米50克，砂糖2小匙。

·**做法**·

① 薏米和黑豆分别洗净，用适量水浸泡4小时，洗净后沥干。

② 薏米放入锅内，加适量水煮成米饭。

③ 将薏米饭和黑豆放入榨汁机内，加入水搅打出生浆汁，再倒入锅中，加入砂糖煮熟即可。

好妈妈喂养经

◎黑豆所含的钙和铁能提供小宝宝生长发育所需的营养；薏米的多糖体可增强免疫力，两者搭配有助于小宝宝健康成长。

湿疹

　　湿疹是许多孩子都患过的一种慢性炎症性瘙痒性皮肤病。婴儿期湿疹的病因较复杂，常由多种内外因素引起，有时很难明确具体的原因，比较常见的原因如食入鱼、虾、牛羊肉、鸡蛋等致敏食物，过多使用碱性强的肥皂，唾液和溢奶对皮肤的刺激等。儿童期的湿疹可能由婴儿湿疹转化而来，也可能是婴儿期未发病而潜伏到幼儿期才起病。

孩子患湿疹的症状

◎婴儿湿疹：多见于脸部。主要症状为：轻者有红斑、丘疹，重者有水疱、糜烂、渗水、结痂等症状。

◎儿童湿疹：好发部位常在四肢屈侧和皱褶部，如腋窝、肘窝、腹股沟等处。皮疹为较大、较隆起的棕红色点疹，表面粗糙，有时成苔藓样斑块，瘙痒明显。

孩子患湿疹后如何护理

◎孩子患婴儿湿疹后，爸爸妈妈要格外耐心地护理和喂养。严重过敏的宝宝可以使用适度水解或深度水解奶粉代替普通的牛奶。

◎要注意保持孩子皮肤清洁干爽。给孩子洗澡时，宜用非碱性的沐浴露来清洁孩子的身体。洗澡完毕，要涂上非油性的润肤膏。

◎孩子患湿疹后，要避免其皮肤暴露在冷风或强烈日晒下。孩子流汗后，应仔细擦干汗水。天气干燥时，应替孩子搽上防过敏的非油性润肤霜。

给孩子及时更换纸尿裤，保持孩子皮肤清洁干爽，有利于预防湿疹。

桂花薏米

· **材料**：薏米 30 克，干淀粉、桂花、白砂糖各少许。
· **做法** ·

① 将薏米洗净，用适量凉水浸泡 1 小时。

② 将浸泡后的薏米放入锅，加适量水熬成粥。

③ 待薏米烂熟时，加入少许干淀粉、白砂糖、桂花，搅拌均匀即可。

美食有话说

◎薏米性凉，且质地比较硬，而孩子的肠胃功能比较弱，吃太多薏米容易造成肠胃不适，所以喂食薏米一定要将薏米泡软，完全煮烂。

烹饪小贴士

◎桂花不宜放多，会影响口感，可以把白砂糖换成红糖。

红豆米仁汤

· 材料：红豆、米仁各 30 克，白糖适量。

· 做法 ·

① 分别取适量的红豆、米仁，洗净后放入锅内，加适量清水煮至熟烂。

② 在煮好的红豆米仁汤内加适量白糖拌匀即可食用。

好妈妈喂养经

◎生米仁味甘淡、偏寒性，对人体来说具有健脾养胃、清热渗湿的作用，可以帮助宝宝缓解湿疹症状。

米仁荸荠汤

· 材料：生米仁 5 克，荸荠 10 个。

· 做法 ·

① 将荸荠去皮后切片，备用。

② 将生米仁、荸荠片放入锅内，加入适量水煮成汤后即可食用。

好妈妈喂养经

◎中医认为荸荠具有清热排毒的功效，可以帮助宝宝缓解皮疹的症状。

遗尿

遗尿症一般是指孩子在睡眠中不自主地排尿的现象，主要与孩子神经系统发育不全、膀胱容量较小及睡前多饮或过度兴奋等有关。

遗尿的证型与表现

对于各种原因引起的遗尿，中医分为肾气不足型、脾肺气虚型、肝经湿热型、心肾不交型。证型不同，症状表现也有所不同。

◎肾气不足型：孩子每晚多次尿床，尿清长，味不大。

◎脾肺气虚型：孩子除晚上尿床外，兼见一些肺脾气虚证，如少气懒言、神疲乏力等。

◎肝经湿热型：孩子夜间遗尿，尿量不多而味腥膻，尿色较黄，兼见性情急躁易怒、面赤唇红、口渴好喝水、舌红苔黄等。

◎心肾不交型：孩子梦中遗尿，睡眠不安，白天多动少静，手足心发热等。

遗尿的日常调理

◎对婴幼儿来说，要重视母乳喂养的作用。在给孩子喂辅食的同时，不可忽视母乳的作用。母乳喂养可以令孩子的脑神经发育、膀胱稳定性及泌尿道括约肌功能都得到提高。

◎能吃辅食或吃饭的宝宝可以适量进食具有补肾缩尿作用的食物，如虾、羊肉、猪膀胱、鸡肠、猪脊骨、茼蒿等。山药粥、芡实粥、莲子粥等健脾补肾的药粥，也可经常给孩子做。

◎培养孩子良好的排尿习惯。白天延长孩子两次排尿的间隔时间，帮助孩子学会控制小便。睡前也要帮孩子养成排便习惯，以使膀胱里的尿液排空。

帮助孩子养成睡前排便的好习惯，不仅能预防孩子遗尿，还有利于孩子健康发育。

黑豆鸡蛋粥

· 材料：黑豆 150 克，黑米 50 克，黑芝麻 30 克，鸡蛋 2 个，冰糖适量。

· 做法 ·

1 将鸡蛋煮熟去壳备用；黑豆、黑米、黑芝麻分别淘洗干净。

2 锅内加入适量水，放入黑豆、黑米及黑芝麻，用大火烧沸后改用小火炖 35 分钟。

3 加入冰糖、鸡蛋拌匀即可。

鸡肉粉丝蔬菜汤

· 材料：鸡肉末、粉丝、菠菜叶各 15 克，胡萝卜 10 克，高汤 240 毫升，水淀粉 1 小匙。

· 做法 ·

1 鸡肉末加入适量水及水淀粉拌匀。

2 粉丝泡软，切小段；菠菜洗净汆烫，切细末；胡萝卜洗净，切成很小的丁。

3 高汤煮沸，加入胡萝卜丁、菠菜末、粉丝、鸡肉末煮软，再勾芡即可。

韭菜粥

· 材料：大米、韭菜各 60 克。

· 调料：盐少许。

· 做法 ·

1 取新鲜韭菜，洗净后切细末。

2 将大米洗净，放入锅内，加入适量水，用小火煮成粥。

3 待大米粥煮沸后，加入韭菜末、盐再煮一会儿即可。

鲶鱼豆腐

- **材料：**鲶鱼 500 克，豆腐 200 克，柿子椒、豆豉、葱丝、蒜。
- **调料：**酱油、盐、水淀粉、白糖、香油各适量。
- **做法**
  1. 豆腐用油炸，切小块；鲶鱼洗净去肠脏，放入热水中汆烫后捞出，切成鱼块，放入酱油、盐拌匀，过油；蒜剁末；柿子椒切丝。
  2. 爆香蒜末，加入豆豉及炸豆腐略炒；将鲶鱼块放在豆腐上，倒入酱油、白糖、适量水和香油煮至汁液收干，加入柿子椒丝、葱丝，翻炒数下用水淀粉勾芡即可。

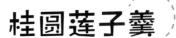好妈妈喂养经

◎鲶鱼味甘，性温，具有补中益气、滋阴开胃、催乳、利小便等功效，可用于体弱虚损、营养不良、乳汁不足、小便不利、水肿等。

桂圆莲子羹

- **材料：**桂圆肉 100 克，莲子 200 克，冰糖 80 克，白糖 50 克，水淀粉 20 克。
- **做法**
  1. 将桂圆肉放入冷水中，洗净撕成两半，捞出，沥干水分。
  2. 鲜莲子剥皮，去莲心，洗净。
  3. 莲子汆烫透，捞出倒入冷水中；锅内加入适量冷水、白糖和冰糖，烧沸；撇去浮沫，把桂圆肉和莲子放入锅内，用水淀粉勾芡，烧沸后盛入大碗中即成。

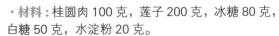好妈妈喂养经

◎桂圆、莲子都具有补肾利尿的作用，偶尔给孩子食用有利于其排尿。

积食

　　积食是中医里的一个疾病名称，是指婴幼儿乳食过量、损伤脾胃，使乳食停滞于中焦所形成的胃肠疾患。孩子食积日久，会造成营养不良，进而影响到生长发育。

积食有什么表现

　　如果孩子在睡眠中身体不停地翻动，有时还会咬牙；最近大开的胃口又缩小了，食欲明显不振；有肚子胀、肚子疼的现象；鼻梁两侧发青，舌苔白且厚，能闻到呼出的口气中有酸腐味等，那就是患积食的表现了。孩子积食，会引起恶心、呕吐、食欲不振、厌食、腹胀、腹痛、口臭、手足发烧、皮色发黄、精神萎靡等症状。

应对孩子积食的方法

改变不良的喂养方法 ♥

　　这是防治积食最重要的一环。孩子胃口不好，父母就不要硬塞饭，否则孩子难以消化吸收，甚至还会把食物呕吐出来，从而损伤肠胃。正确的方法是让孩子少吃，使肠胃得到休息调整。另外，饭前也不要给孩子吃零食。

推拿按摩，帮孩子缓解积食症状 ♥

◎捏脊：室内保持适宜温度，让孩子在空腹状态下趴在床上，露出背部，沿脊椎两旁二指处，用两手拇指、食指和中指从尾骶骨开始，将皮肤轻轻捏起，慢慢地向前推进，一直推到颈部大椎穴，由下而上连续捏 3 ~ 5 次。3 岁以上的孩子经医生同意后方可使用这种方法，对于月龄过小的宝宝则不宜用此法。

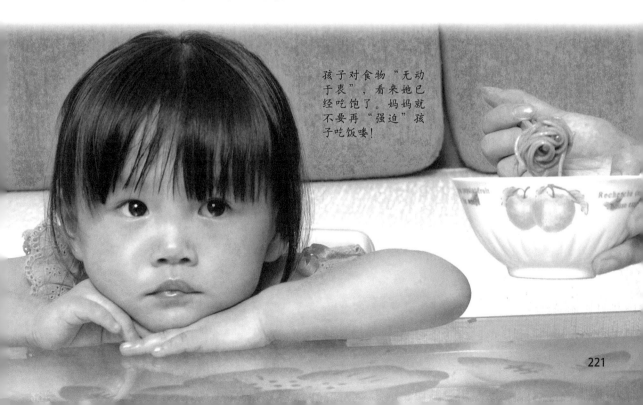

孩子对食物"无动于衷"，看来她已经吃饱了。妈妈就不要再"强迫"孩子吃饭喽！

香蕉豆腐泥

· **材料**：豆腐 80 克，香蕉 1/2 根。
· **做法** ·

① 豆腐切块蒸熟；香蕉剥皮、切块，备用。

② 用汤匙将豆腐和香蕉捣碎，并去除较粗的、难以下咽的纤维即可食用。

好妈妈喂养经

◎孩子的肠胃功能仍未发育成熟，所以，大人可以生食的食物并不一定适合孩子。如嫩豆腐，在给孩子吃之前，最好还是经过蒸煮的过程，以便有效杀菌，降低孩子感染的概率。

美味三色球

· **材料**：甘薯 90 克，瘦猪绞肉 50 克，西蓝花 80 克。
· **做法** ·

① 将甘薯洗净、蒸熟，去皮、切块，备用。

② 猪绞肉放入锅内蒸至全熟；西蓝花洗净后，先去除较粗的外部纤维，再汆烫至熟，切块，备用。

③ 上述材料用榨汁机分别打碎，再以手捏成球状即可。

烹饪小贴士

◎西蓝花中较粗的纤维必须先去除。

◎猪绞肉直接蒸熟后需再用榨汁机绞碎，然后再捏成球状，才好食用。

炒米粥

- **材料：** 大米适量。
- **做法：**
  ❶ 把大米放入锅中炒至棕黄色后取出。
  ❷ 另取一锅，放入适量水烧开，放入炒好的米烧开，转小火将米熬至黏稠状的粥即可。

糖炒山楂

- **材料：** 山楂、红糖各适量。
- **做法：**
  ❶ 取红糖适量，入锅用小火炒化，为防炒焦，可加少量清水。
  ❷ 山楂洗净、去核，放入炒红糖的锅内再炒5～6分钟，闻到酸甜味时即可出锅。

神曲麦芽汁

- **材料：** 炒麦芽、神曲、山楂各10克，白糖适量。
- **做法：**
  把上述3种食材加100毫升水，煎15分钟后倒出药汁，加适量白糖，分成两次趁热服用即可。

上火

　　婴幼儿期时孩子的消化功能还不健全，过剩营养物质难以消化或天气炎热潮湿，就易引起"上火"。另外，孩子的新陈代谢旺盛，生长发育快，中医称之为"纯阳之体"。在正常状态下孩子自身会维持一种动态的平衡，然而，一旦有外部原因打破了这种平衡，孩子就很容易出现上火症状。

孩子上火的表现

◎心火：烦躁啼哭、口舌生疮、睡眠不宁等。
◎胃火：牙龈肿痛、口干口臭、口唇红赤等。
◎肝火：眼屎多、目赤畏光、脾气大等。
◎肺火：咽喉肿痛、咳嗽痰稠或痰黄等。
◎胃肠积热化火：秽臭异常、大便干结、腹胀呕吐等。

上火后的饮食调理

◎孩子在4个月大后要适时添加辅食，以后随着月龄的增加，则应合理补充富含膳食纤维的谷类、新鲜蔬果等。

◎饮食中应避免食用辛辣重味的调味品，如姜、葱、辣椒、孜然等。另外，还要注意让孩子少吃桂圆、荔枝等热性水果。

◎宝宝出生后最好进行母乳喂养，即使日后添加辅食，也不可忽视母乳喂养的作用，因为母乳中含有丰富的营养物质和免疫抗体，可提高孩子抵抗力，防止上火，是孩子最理想的食物。

◎夏季天气炎热的时候，可以适当给孩子喝一些清热饮品，如绿豆汤等，也能起到预防孩子上火的作用。

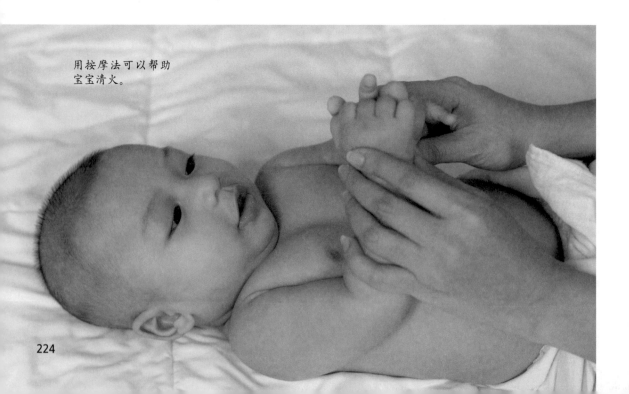

用按摩法可以帮助宝宝清火。

红枣葱白粥

·**材料**：红枣 14 颗，葱白 50 克，大米 60 克，蜂蜜 30 克。

·**做法**·

1. 红枣去核；葱白切成碎末。
2. 将红枣、大米放入锅内，加入适量水煮粥，等粥五成熟时加入葱白，继续煮至粥稠，调入蜂蜜调味即可。

好妈妈喂养经

◎孩子上火后没有食欲，葱白中的营养物质能够刺激胃液的分泌，促进机体对于食物的消化和吸收，有助于人体食欲的增进。

莲子百合粥

·**材料**：莲子 30 克，百合 15 克，大米 60 克，冰糖末 30 克。

·**做法**·

1. 百合切成小片；莲子去皮，二者分别洗净，备用。
2. 将莲子与大米一同放入锅内，加入适量清水同煮至熟，放入百合片、冰糖末，煮至酥软即可。

好妈妈喂养经

◎莲子中的莲心味苦性寒，可以清心安神，去心火，所以在准备莲子的时候，不要去心。

百合大骨汤

- **材料：**百合 30 克，大骨 15 克，盐少许。
- **做法·**
1. 大骨加水煮沸撇去浮沫，再煮 1 小时。
2. 在煮好的大骨汤中加入百合煮熟，再加盐调味，食百合、饮汤即可。

好妈妈喂养经

◎百合具有清热下火、滋补养胃的功效，非常适合上火的孩子食用。百合对于调节肠胃而言也具有很好的作用，所以说胃不好的孩子是可以适当吃点百合的。

烹饪小贴士

◎大骨汤肉味荤重，放入百合，中和了肉味，口有留甘。

扁桃体炎

扁桃体炎分为急性扁桃体炎和慢性扁桃体炎，是婴幼儿和儿童的常见病、多发病。其中急性扁桃体炎是由于病原体侵入扁桃体而引起的。如果孩子的扁桃体炎一年发作达 4 次及以上，即可诊断为慢性扁桃体炎。

患扁桃体炎的常见症状

孩子患扁桃体炎后，其常见症状是：发热、咳嗽、咽痛，严重时高热不退、吞咽困难，检查可见扁桃体充血、肿大、化脓等。

患扁桃体炎后的调理

◎妈妈要注意孩子的口腔卫生，多给孩子喝开水或果汁水，以补充体内流失的水分。
◎注意加强孩子的日常饮食营养，帮助其增强体质，提高机体抵抗力。
◎妈妈应注意让孩子多休息，同时保持室内温度适宜，空气新鲜。尤其注意不要在室内抽烟，以减少对孩子咽部的刺激。
◎如果孩子出现体温突然升高、腹痛或休克等早期症状，妈妈应尽快带孩子去医院治疗。

🦴 护理小提示

孩子患扁桃体炎后的饮食宜忌

◎对于患急性扁桃体炎的孩子，饮食宜清淡，要多吃含水分多又易吸收的食物，如稀米汤（加少许盐）、果汁、甘蔗水、绿豆汤等。
◎对于患慢性扁桃体炎的孩子，应多喂食新鲜蔬菜、水果、豆类及滋润的食品，如西红柿、胡萝卜、黄豆、豆腐、豆浆、梨、冰糖、蜂蜜等。
◎患有急、慢性扁桃体炎的孩子都应忌食干燥、辛辣、煎炸等刺激性食物，如辣椒、蒜、姜等。

让孩子在温度适宜的环境里多休息，对孩子的身体非常有益。

227

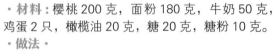

美味樱桃派

- **材料：** 樱桃 200 克，面粉 180 克，牛奶 50 克，鸡蛋 2 只，橄榄油 20 克，糖 20 克，糖粉 10 克。

· 做法 ·

1. 将面粉倒入派盘，打入鸡蛋，加橄榄油、糖，拌匀。
2. 用勺子将面糊贴着盘子，抹匀。
3. 放入一部分樱桃于盘中，摆好。
4. 将剩余的樱桃打成汁，加入牛奶，倒入准备好的派盘中。
5. 入烤箱中，以210℃上下火先烤10分钟，温度设为190℃，再烤10分钟。
6. 烤完后拿出来，表面筛上糖粉，即可。

枸杞冬菜粥

- **材料：** 枸杞子 20 克，冬菜 50 克，大米 100 克，白糖适量。

· 做法 ·

1. 大米洗净，放入锅内煮成稀粥。
2. 锅内放入冬菜、枸杞子，再煮 10 分钟，最后撒上白糖调味即可。

好妈妈喂养经

◎这款粥具有清热利咽的作用，每日服 1 剂，早晚分服。妈妈应根据宝宝实际，遵医嘱后再给宝宝喂食。

附录： 儿童身高体重标准表

年龄	身高（厘米）				体重（千克）			
	矮小	偏矮	标准	超高	偏瘦	标准	超重	肥胖
1 岁	69.7	72.3	75	77.7	8.45	9.4	10.48	11.73
2 岁	80.5	83.8	87.2	90.7	10.7	11.92	13.31	14.92
3 岁	88.2	91.8	95.6	99.4	12.65	14.13	15.83	17.81
4 岁	95.4	99.2	103.1	107	14.44	16.17	18.19	20.54
5 岁	101.8	106	110.2	114.5	16.2	18.26	20.66	23.5
6 岁	107.6	112	116.6	121.2	17.94	20.37	23.27	26.74
7 岁	112.7	117.6	122.5	127.6	19.74	22.64	26.16	30.45
8 岁	117.9	123.1	128.5	133.9	21.75	25.25	29.56	34.94
9 岁	122.6	128.3	134.1	139.9	23.96	28.19	33.51	40.32
10 岁	127.6	133.8	140.1	146.4	26.6	31.76	38.41	47.15
11 岁	133.4	140	146.6	153.3	29.99	36.1	44.09	54.78
12 岁	139.5	145.9	152.4	158.8	34.04	40.77	49.54	61.22
13 岁	144.2	150.3	156.3	162.3	37.94	44.79	53.55	64.99
14 岁	147.2	152.9	158.6	164.3	41.18	47.83	56.16	66.77
15 岁	148.8	154.3	159.8	165.3	43.42	49.82	57.72	67.61
16 岁	149.2	154.7	160.1	165.5	44.56	50.81	58.45	67.93
17 岁	149.5	154.9	160.3	165.7	45.01	51.2	58.73	68.04
18 岁	149.8	155.2	160.6	165.9	45.26	51.41	58.88	68.1

0—18 岁女孩身高、体重表

年龄	身高（厘米）				体重（千克）			
	矮小	偏矮	标准	超高	偏瘦	标准	超重	肥胖
1 岁	71.2	73.8	76.5	79.3	9	10.05	11.23	12.54
2 岁	81.6	85.1	88.5	92.1	11.24	12.54	14.01	15.67
3 岁	89.3	93	96.8	100.7	13.13	14.65	16.39	18.37
4 岁	96.3	100.2	104.1	108.2	14.88	16.64	18.67	21.01
5 岁	102.8	107	111.3	115.7	16.87	18.98	21.46	24.38
6 岁	108.6	113.1	117.7	122.4	18.71	21.26	24.32	28.03
7 岁	114	119	124	129.1	20.83	24.06	28.05	33.08
8 岁	119.3	124.6	130	135.5	23.23	27.33	32.57	39.41
9 岁	123.9	129.6	135.4	141.2	25.5	30.46	36.92	45.52
10 岁	127.9	134	140.2	146.4	27.93	33.74	41.31	51.38
11 岁	132.1	138.7	145.3	152.1	30.95	37.69	46.33	57.58
12 岁	137.2	144.6	151.9	159.4	34.67	42.49	52.31	64.68
13 岁	144	151.8	159.5	167.3	39.22	48.08	59.04	72.6
14 岁	151.5	158.7	165.9	173.1	44.08	53.37	64.84	79.07
15 岁	156.7	163.3	169.8	176.3	48	57.08	68.35	82.45
16 岁	159.1	165.4	171.6	177.8	50.62	59.35	70.2	83.85
17 岁	160.1	166.3	172.3	178.4	52.2	60.68	71.2	84.45
18 岁	160.5	166.6	172.7	178.7	53.08	61.4	71.73	84.72

0—18 岁男孩身高、体重表